# PRACTICAL LUMBER COMPUTER

A
HANDBOOK
OF
LUMBER TABLES

BY

MERRITT MOSELLE

CRAFTSMAN BOOK COMPANY
OF AMERICA
LOS ANGELES

SECOND PRINTING 1958
THIRD PRINTING 1962
FOURTH PRINTING 1964
FIFTH PRINTING 1966
SIXTH PRINTING 1967
SEVENTH PRINTING 1969
EIGHTH PRINTING 1970
NINTH PRINTING 1971

PRINTED IN THE UNITED STATES

## HOW TO USE THIS BOOK

With this book you can calculate quickly the board footage content of one or many pieces of lumber for any common length. For example: turn to page - 83. Note that the size of the lumber (2" x 4") is printed at the top of the page. The left hand column of figures denotes the number of pieces of lumber. The other columns contain the number of board feet for various lengths of material from 8 feet to 22 feet.

Suppose we wish to find the board feet in:

1 piece 2" x 4" x 18'

We can read the answer directly from the table - 12 board feet.

If we want the board footage of:

29 pieces 2" x 4" x 12'

Read - 232 board feet directly.

Notice that the number of pieces reads directly to 100 pieces on pages 83 and 84 and by hundreds on page 85.

EXAMPLE
Find the board footage in 462 pieces of 2" x 4" eighteen feet long.

SOLUTION
400 pieces @18' - 4,800 B.F. (From page 85).
62 pieces @18' - 744 B.F. (From page 84).
TOTAL 5,544 B.F.

For some sizes the dimensions read directly to 50 pieces and by hundreds above this. If you wish the board footage of 75 pieces, simply add the footage of 50 and 25 pieces.

Wood is a plant material consisting of hollow fibers of cellulose which are filled and bound firmly together with lignin. Most woods exhibit three distinctive areas when the end cross section is examined. These are: (1) the bark; (2) the sapwood (the light colored region next to the bark.); (3) the heartwood (the inner wood usually darker than the sapwood).

**Figure 1—Cross section of log showing heartwood center, sapwood near bark and bark.**

Although most of the cells in the sapwood region are dead some are alive and store food for the tree. The heartwood cells are dead and this region provides much of the structural strength of the tree. Yearly the tree grows by adding new layers of sapwood under the bark, while those layers of sapwood nearest the heartwood die and turn into heartwood.

Contrary to common belief heartwood is by nature neither stronger nor weaker than sapwood. However after a tree has been cut down the heartwood offers greater resistance than sapwood to decay, mold and insect attacks.

Trees grown in America exhibit concentric layers of wood, one for each year of growth, called annual rings. (See Figure 1). On the inner side of each annual ring is a soft, weak and porous wall called springwood which is the wood that grows during the first part of the growing season. Later in the growing season the summerwood, the wood on the outer portion of the annual ring, is formed.

Boards, cut from logs are called quarter-sawed, edge grain or vertical grain and plain-sawed or flat-grain. These terms depend on the angular relationship of the board's planes to the annual rings of the tree. In figure 2 are shown quarter-sawed and plain-sawed boards. Because quarter-sawed boards in seasoning suffer less shrinking, case-harding, checking, twisting, swelling and cupping, they are superior to plain-sawed boards. Plain-sawed boards, however, are cheaper and do not contain long elliptical knots.

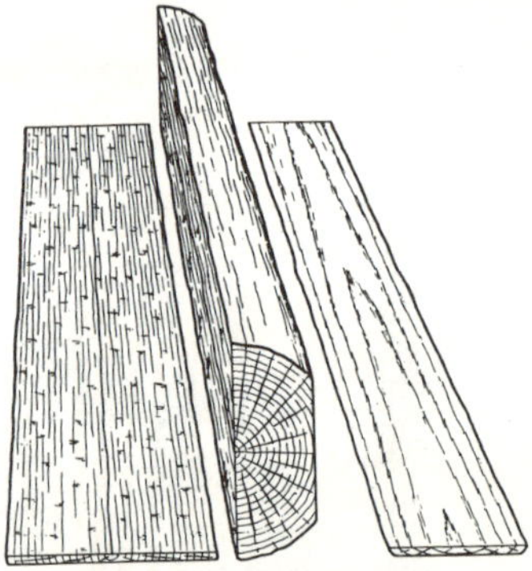

**Figure 2—Quarter-sawed (A) and plain sawed (B) boards cut from log.**

Lumber is usually divided into two classes; hardwoods and softwoods. These definitions are based not on the hardness of the wood for some softwoods are harder than hardwoods, but on the type of leaf which the tree bears. Softwoods come from trees with needlelike leaves, and hardwoods from trees which bear broad leaves.

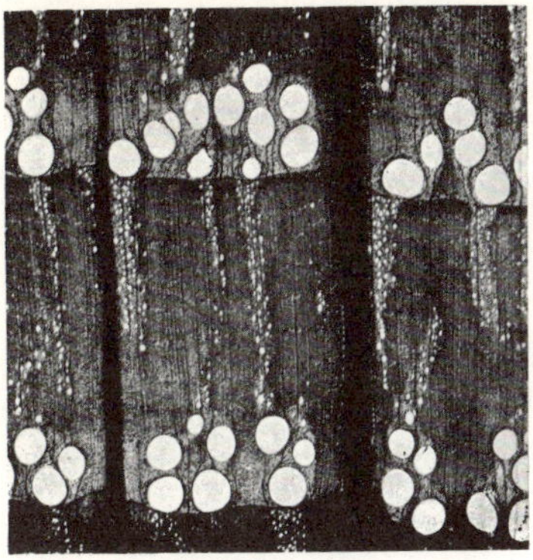

Figure 3—Chestnut oak. Cross section magnified 15 diameters.

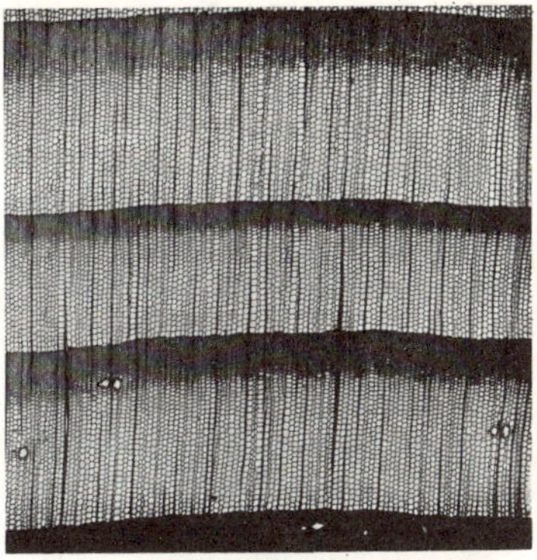

Figure 4—Douglas-fir. Cross section magnified 15 diameters.

The cell structure of hardwood is quite different than softwoods. Hardwoods contain numbers of large cells among the mass of small cells (See Figure 3) which are for the most part fibers. Softwoods are composed of a mass of fibrous cells (See Figure 4) which act as both pores and fibers. Notice the regular size and tangential arrangement.

The appearance of different woods varies with the arrangement, shape and size of the fiber.

In figure 5 is shown a typical drawing of a highly magnified cube of softwood.

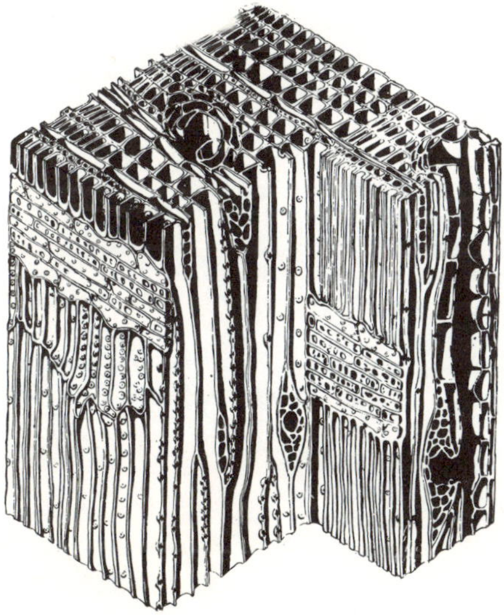

Figure 5—

It should be noted that although the specific gravities of all wood substances are about the same, different woods have different unit weights. This is caused by the variation in the thickness of cell walls and size of cell cavities.

# BOARD FOOT TABLES

1" x 4"

| Pcs. | 8 Ft. | 10 Ft. | 12 Ft. | 14 Ft. | 16 Ft. | 18 Ft. | 20 Ft. |
|---|---|---|---|---|---|---|---|
| 1 | 2.7 | 3.3 | 4. | 4.7 | 5.3 | 6. | 6.7 |
| 2 | 5.3 | 6.7 | 8. | 9.3 | 10.7 | 12. | 13.3 |
| 3 | 8. | 10. | 12. | 14. | 16. | 18. | 20. |
| 4 | 10.7 | 13.3 | 16. | 18.7 | 21.3 | 24. | 26.7 |
| 5 | 13.3 | 16.7 | 20. | 23.3 | 26.7 | 30. | 33.3 |
| 6 | 16. | 20. | 24. | 28. | 32. | 36. | 40. |
| 7 | 18.7 | 23.3 | 28. | 32.7 | 37.3 | 42. | 46.7 |
| 8 | 21.3 | 26.7 | 32. | 37.3 | 42.7 | 48. | 53.3 |
| 9 | 24. | 30. | 36. | 42. | 48. | 54. | 60. |
| 10 | 26.7 | 33.3 | 40. | 46.7 | 53.3 | 60. | 66.7 |
| 11 | 29.3 | 36.7 | 44. | 51.3 | 58.7 | 66. | 73.3 |
| 12 | 32. | 40. | 48. | 56. | 64. | 72. | 80. |
| 13 | 34.7 | 43.3 | 52. | 60.7 | 69.3 | 78. | 86.7 |
| 14 | 37.3 | 46.7 | 56. | 65.3 | 74.7 | 84. | 93.3 |
| 15 | 40. | 50. | 60. | 70. | 80. | 90. | 100. |
| 16 | 42.7 | 53.3 | 64. | 74.7 | 85.3 | 96. | 106.7 |
| 17 | 45.3 | 56.7 | 68. | 79.3 | 90.7 | 102. | 113.3 |
| 18 | 48. | 60. | 72. | 84. | 96. | 108. | 120. |
| 19 | 50.7 | 63.3 | 76. | 88.7 | 101.3 | 114. | 126.7 |
| 20 | 53.3 | 66.7 | 80. | 93.3 | 106.7 | 120. | 133.3 |
| 21 | 56. | 70. | 84. | 98. | 112. | 126. | 140. |
| 22 | 58.7 | 73.3 | 88. | 102.7 | 117.3 | 132. | 146.7 |
| 23 | 61.3 | 76.7 | 92. | 107.3 | 122.7 | 138. | 153.3 |
| 24 | 64. | 80. | 96. | 112. | 128. | 144. | 160 |
| 25 | 66.7 | 83.3 | 100. | 116.7 | 133.3 | 150. | 166.7 |
| 26 | 69.3 | 86.7 | 104. | 121.3 | 138.7 | 156. | 173.3 |
| 27 | 72. | 90. | 108. | 126. | 144. | 162. | 180. |
| 28 | 74.7 | 93.3 | 112. | 130.7 | 149.3 | 168. | 186.7 |
| 29 | 77.3 | 96.7 | 116. | 135.3 | 154.7 | 174. | 193.3 |
| 30 | 80. | 100. | 120. | 140. | 160. | 180. | 200. |
| 31 | 82.7 | 103.3 | 124. | 144.7 | 165.3 | 186. | 206.7 |
| 32 | 85.3 | 106.7 | 128. | 149.3 | 170.7 | 192. | 213.3 |
| 33 | 88. | 110. | 132. | 154. | 176. | 198. | 220. |
| 34 | 90.7 | 113.3 | 136. | 158.7 | 181.3 | 204. | 226.7 |
| 35 | 93.3 | 116.7 | 140. | 163.3 | 186.7 | 210. | 233.3 |
| 36 | 96. | 120. | 144. | 168. | 192. | 216. | 240. |
| 37 | 98.7 | 123.3 | 148. | 172.7 | 197.3 | 222. | 246.7 |
| 38 | 101.3 | 126.7 | 152. | 177.3 | 202.7 | 228. | 253.3 |
| 39 | 104. | 130. | 156. | 182. | 208. | 234. | 260. |
| 40 | 106.7 | 133.3 | 160. | 186.7 | 213.3 | 240. | 266.7 |
| 41 | 109.3 | 136.7 | 164. | 191.3 | 218.7 | 246. | 273.3 |
| 42 | 112. | 140. | 168. | 196. | 224. | 252. | 280. |
| 43 | 114.7 | 143.3 | 172. | 200.7 | 229.3 | 258. | 286.7 |
| 44 | 117.3 | 146.7 | 176. | 205.3 | 234.7 | 264. | 293.3 |
| 45 | 120. | 150. | 180. | 210. | 240. | 270. | 300. |
| 46 | 122.7 | 153.3 | 184. | 214.7 | 245.3 | 276. | 306.7 |
| 47 | 125.3 | 156.7 | 188. | 219.3 | 250.7 | 282. | 313.3 |
| 48 | 128. | 160. | 192. | 224. | 256. | 288. | 320. |
| 49 | 130.7 | 163.3 | 196. | 228.7 | 261.3 | 294. | 326.7 |
| 50 | 133.3 | 166.7 | 200. | 233.3 | 266.7 | 300. | 333.3 |

## 1" x 4"

| Pcs. | 8 Ft. | 10 Ft. | 12 Ft. | 14 Ft. | 16 Ft. | 18 Ft. | 20 Ft. |
|---|---|---|---|---|---|---|---|
| 51 | 136. | 170. | 204. | 238. | 272. | 306. | 340. |
| 52 | 138.7 | 173.3 | 208. | 242.7 | 277.3 | 312. | 346.7 |
| 53 | 141.3 | 176.7 | 212 | 247.3 | 282.7 | 318. | 353.3 |
| 54 | 144. | 180. | 216. | 252. | 288. | 324. | 360. |
| 55 | 146.7 | 183.3 | 220. | 256.7 | 293.3 | 330. | 366.7 |
| 56 | 149.3 | 186.7 | 224. | 261.3 | 298.7 | 336. | 373.3 |
| 57 | 152. | 190. | 228. | 266. | 304. | 342. | 380. |
| 58 | 154.7 | 193.3 | 232. | 270.7 | 309.3 | 348. | 386.7 |
| 59 | 157.3 | 196.7 | 236. | 275.3 | 314.7 | 354. | 393.3 |
| 60 | 160. | 200. | 240. | 280. | 320. | 360. | 400. |
| 61 | 162.7 | 203.3 | 244. | 284.7 | 325.3 | 366. | 406.7 |
| 62 | 165.3 | 206.7 | 248. | 289.3 | 330.7 | 372. | 413.3 |
| 63 | 168. | 210. | 252. | 294. | 336. | 378. | 420. |
| 64 | 170.7 | 213.3 | 256. | 298.7 | 341.3 | 384. | 426.7 |
| 65 | 173.3 | 216.7 | 260. | 303.3 | 346.7 | 390. | 433.3 |
| 66 | 176. | 220. | 264. | 308. | 352. | 396. | 440. |
| 67 | 178.7 | 223.3 | 268. | 312.7 | 357.3 | 402. | 446.7 |
| 68 | 181.3 | 226.7 | 272. | 317.3 | 362.7 | 408. | 453.3 |
| 69 | 184. | 230. | 276. | 322. | 368. | 414. | 460. |
| 70 | 186.7 | 233.3 | 280. | 326.7 | 373.3 | 420. | 466.7 |
| 71 | 189.3 | 236.7 | 284. | 331.3 | 378.7 | 426. | 473.3 |
| 72 | 192. | 240. | 288. | 336. | 384. | 432. | 480. |
| 73 | 194.7 | 243.3 | 292. | 340.7 | 389.3 | 438. | 486.7 |
| 74 | 197.3 | 246.7 | 296. | 345.3 | 394.7 | 444. | 493.3 |
| 75 | 200. | 250. | 300. | 350. | 400. | 450. | 500. |
| 76 | 202.7 | 253.3 | 304. | 354.7 | 405.3 | 456. | 506.7 |
| 77 | 205.3 | 256.7 | 308. | 359.3 | 410.7 | 462. | 513.3 |
| 78 | 208. | 260. | 312. | 364. | 416. | 468. | 520. |
| 79 | 210.7 | 263.3 | 316. | 368.7 | 421.3 | 474. | 526.7 |
| 80 | 213.3 | 266.7 | 320. | 373.3 | 426.7 | 480. | 533.3 |
| 81 | 216. | 270. | 324. | 378. | 432. | 486. | 540. |
| 82 | 218.7 | 273.3 | 328. | 382.7 | 437.3 | 492. | 546.7 |
| 83 | 221.3 | 276.7 | 332. | 387.3 | 442.7 | 498. | 553.3 |
| 84 | 224. | 280. | 336. | 392. | 448. | 504. | 560. |
| 85 | 226.7 | 283.3 | 340. | 396.7 | 453.3 | 510. | 566.7 |
| 86 | 229.3 | 286.7 | 344. | 401.3 | 458.7 | 516. | 573.3 |
| 87 | 232. | 290. | 348. | 406. | 464. | 522. | 580. |
| 88 | 234.7 | 293.3 | 352. | 410.7 | 469.3 | 528. | 586.7 |
| 89 | 237.3 | 296.7 | 356. | 415.3 | 474.7 | 534. | 593.3 |
| 90 | 240. | 300. | 360. | 420. | 480. | 540. | 600. |
| 91 | 242.7 | 303.3 | 364. | 424.7 | 485.3 | 546. | 606.7 |
| 92 | 245.3 | 306.7 | 368. | 429.3 | 490.7 | 552. | 613.3 |
| 93 | 248. | 310. | 372. | 434. | 496. | 558. | 620. |
| 94 | 250.7 | 313.3 | 376. | 438.7 | 501.3 | 564. | 626.7 |
| 95 | 253.3 | 316.7 | 380. | 443.3 | 506.7 | 570. | 633.3 |
| 96 | 256. | 320. | 384. | 448. | 512. | 576. | 640. |
| 97 | 258.7 | 323.3 | 388. | 452.7 | 517.3 | 582. | 646.7 |
| 98 | 261.3 | 326.7 | 392. | 457.3 | 522.7 | 588. | 653.3 |
| 99 | 264. | 330. | 396. | 462. | 528. | 594. | 660. |
| 100 | 266.7 | 333.3 | 400. | 466.7 | 533.3 | 600. | 666.7 |

1" x 4"

| Pcs. | 8 Ft. | 10 Ft. | 12 Ft. | 14 Ft. | 16 Ft. | 18 Ft. | 20 Ft. |
|---|---|---|---|---|---|---|---|
| 101 | 269.3 | 336.7 | 404. | 471.3 | 538.7 | 606. | 673.3 |
| 102 | 272. | 340. | 408. | 476. | 544. | 612. | 680. |
| 103 | 274.7 | 343.3 | 412. | 480.7 | 549.3 | 618. | 686.7 |
| 104 | 277.3 | 346.7 | 416. | 485.3 | 554.7 | 624. | 693.3 |
| 105 | 280. | 350. | 420. | 490. | 560. | 630. | 700. |
| 106 | 282.7 | 353.3 | 424. | 494.7 | 565.3 | 636. | 706.7 |
| 107 | 285.3 | 356.7 | 428. | 499.3 | 570.7 | 642. | 713.3 |
| 108 | 288. | 360. | 432. | 504. | 576. | 648. | 720. |
| 109 | 290.7 | 363.3 | 436. | 508.7 | 581.3 | 654. | 726.7 |
| 110 | 293.3 | 366.7 | 440. | 513.3 | 586.7 | 660. | 733.3 |
| 111 | 296. | 370. | 444. | 518. | 592. | 666. | 740. |
| 112 | 298.7 | 373.3 | 448. | 522.7 | 597.3 | 672. | 746.7 |
| 113 | 301.3 | 376.7 | 452. | 527.3 | 602.7 | 678. | 753.3 |
| 114 | 304. | 380. | 456. | 532. | 608. | 684. | 760. |
| 115 | 306.7 | 383.3 | 460. | 536.7 | 613.3 | 690. | 766.7 |
| 116 | 309.3 | 386.7 | 464. | 541.3 | 618.7 | 696. | 773.3 |
| 117 | 312. | 390. | 468. | 546. | 624. | 702. | 780. |
| 118 | 314.7 | 393.3 | 472. | 550.7 | 629.3 | 708. | 786.7 |
| 119 | 317.3 | 396.7 | 476. | 555.3 | 634.7 | 714. | 793.3 |
| 120 | 320. | 400. | 480. | 560. | 640. | 720. | 800. |
| 121 | 322.7 | 403.3 | 484. | 564.7 | 645.3 | 726. | 806.7 |
| 122 | 325.3 | 406.7 | 488. | 569.3 | 650.7 | 732. | 813.3 |
| 123 | 328. | 410. | 492. | 574. | 656. | 738. | 820. |
| 124 | 330.7 | 413.3 | 496. | 578.7 | 661.3 | 744. | 826.7 |
| 125 | 333.3 | 416.7 | 500. | 583.3 | 666.7 | 750. | 833.3 |
| 126 | 336. | 420. | 504. | 588. | 672. | 756. | 840. |
| 127 | 338.7 | 423.3 | 508. | 592.7 | 677.3 | 762. | 846.7 |
| 128 | 341.3 | 426.7 | 512. | 597.3 | 682.7 | 768. | 853.3 |
| 129 | 344. | 430. | 516. | 602. | 688. | 774. | 860. |
| 130 | 346.7 | 433.3 | 520. | 606.7 | 693.3 | 780. | 866.7 |
| 131 | 349.3 | 436.7 | 524. | 611.3 | 698.7 | 786. | 873.3 |
| 132 | 352. | 440. | 528. | 616. | 704. | 792. | 880. |
| 133 | 354.7 | 443.3 | 532. | 620.7 | 709.3 | 798. | 886.7 |
| 134 | 357.3 | 446.7 | 536. | 625.3 | 714.7 | 804. | 893.3 |
| 135 | 360. | 450. | 540. | 630. | 720. | 810. | 900. |
| 136 | 362.7 | 453.3 | 544. | 634.7 | 725.3 | 816. | 906.7 |
| 137 | 365.3 | 456.7 | 548. | 639.3 | 730.7 | 822. | 913.3 |
| 138 | 368. | 460. | 552. | 644. | 736. | 828. | 920. |
| 139 | 370.7 | 463.3 | 556. | 648.7 | 741.3 | 834. | 926.7 |
| 140 | 373.3 | 466.7 | 560. | 653.3 | 746.7 | 840. | 933.3 |
| 141 | 376. | 470. | 564. | 658. | 752. | 846. | 940. |
| 142 | 378.7 | 473.3 | 568. | 662.7 | 757.3 | 852. | 946.7 |
| 143 | 381.3 | 476.7 | 572. | 667.3 | 762.7 | 858. | 953.3 |
| 144 | 384. | 480. | 576. | 672. | 768. | 864. | 960. |
| 145 | 386.7 | 483.3 | 580. | 676.7 | 773.3 | 870. | 966.7 |
| 146 | 389.3 | 486.7 | 584. | 681.3 | 778.7 | 876. | 973.3 |
| 147 | 392. | 490. | 588. | 686. | 784. | 882. | 980. |
| 148 | 394.7 | 493.3 | 592. | 690.7 | 789.3 | 888. | 986.7 |
| 149 | 397.3 | 496.7 | 596. | 695.3 | 794.7 | 894. | 993.3 |
| 150 | 400. | 500. | 600. | 700. | 800. | 900. | 1000. |

## 1" x 4"

| Pcs. | 8 Ft. | 10 Ft. | 12 Ft. | 14 Ft. | 16 Ft. | 18 Ft. | 20 Ft. |
|---|---|---|---|---|---|---|---|
| 151 | 402.7 | 503.3 | 604. | 704.7 | 805.3 | 906. | 1006.7 |
| 152 | 405.3 | 506.7 | 608. | 709.3 | 810.7 | 912. | 1013.3 |
| 153 | 408 | 510. | 612. | 714. | 816. | 918. | 1020. |
| 154 | 410.7 | 513.3 | 616. | 718.7 | 821.3 | 924. | 1026.7 |
| 155 | 413.3 | 516.7 | 620. | 723.3 | 826.7 | 930. | 1033.3 |
| 156 | 416. | 520. | 624. | 728. | 832. | 936. | 1040. |
| 157 | 418.7 | 523.3 | 628. | 732.7 | 837.3 | 942. | 1046.7 |
| 158 | 421.3 | 526.7 | 632. | 737.3 | 842.7 | 948. | 1053.3 |
| 159 | 424. | 530. | 636. | 742. | 848. | 954. | 1060 |
| 160 | 426.7 | 533.3 | 640. | 746.7 | 853.3 | 960. | 1066.7 |
| 161 | 429.3 | 536.7 | 644. | 751.3 | 858.7 | 966. | 1073.3 |
| 162 | 432. | 540. | 648. | 756. | 864. | 972. | 1080. |
| 163 | 434.7 | 543.3 | 652. | 760.7 | 869.3 | 978. | 1086.7 |
| 164 | 437.3 | 546.7 | 656. | 765.3 | 874.7 | 984. | 1093.3 |
| 165 | 440. | 550. | 660. | 770. | 880. | 990. | 1100. |
| 166 | 442.7 | 553.3 | 664. | 774.7 | 885.3 | 996. | 1106.7 |
| 167 | 445.3 | 556.7 | 668. | 779.3 | 890.7 | 1002. | 1113.3 |
| 168 | 448. | 560. | 672. | 784. | 896. | 1008. | 1120. |
| 169 | 450.7 | 563.3 | 676. | 788.7 | 901.3 | 1014. | 1126.7 |
| 170 | 453.3 | 566.7 | 680. | 793.3 | 906.7 | 1020. | 1133.3 |
| 171 | 456. | 570. | 684. | 798. | 912. | 1026. | 1140. |
| 172 | 458.7 | 573.3 | 688. | 802.7 | 917.3 | 1032. | 1146.7 |
| 173 | 461.3 | 576.7 | 692. | 807.3 | 922.7 | 1038. | 1153.3 |
| 174 | 464. | 580. | 696. | 812. | 928. | 1044. | 1160. |
| 175 | 466.7 | 583.3 | 700. | 816.7 | 933.3 | 1050. | 1166.7 |
| 176 | 469.3 | 586.7 | 704. | 821.3 | 938.7 | 1056. | 1173.3 |
| 177 | 472. | 590. | 708. | 826. | 944. | 1062. | 1180. |
| 178 | 474.7 | 593.3 | 712. | 830.7 | 949.3 | 1068. | 1186.7 |
| 179 | 477.3 | 596.7 | 716. | 835.3 | 954.7 | 1074. | 1193.3 |
| 180 | 480. | 600. | 720. | 840. | 960. | 1080. | 1200. |
| 181 | 482.7 | 603.3 | 724. | 844.7 | 965.3 | 1086. | 1206.7 |
| 182 | 485.3 | 606.7 | 728. | 849.3 | 970.7 | 1092. | 1213.3 |
| 183 | 488. | 610. | 732. | 854. | 976. | 1098. | 1220. |
| 184 | 490.7 | 613.3 | 736. | 858.7 | 981.3 | 1104. | 1226.7 |
| 185 | 493.3 | 616.7 | 740. | 863.3 | 986.7 | 1110. | 1233.3 |
| 186 | 496. | 620. | 744. | 868. | 992. | 1116. | 1240. |
| 187 | 498.7 | 623.3 | 748. | 872.7 | 997.3 | 1122. | 1246.7 |
| 188 | 501.3 | 626.7 | 752. | 877.3 | 1002.7 | 1128. | 1253.3 |
| 189 | 504. | 630. | 756. | 882. | 1008. | 1134. | 1260. |
| 190 | 506.7 | 633.3 | 760. | 886.7 | 1013.3 | 1140. | 1266.7 |
| 191 | 509.3 | 636.7 | 764. | 891.3 | 1018.7 | 1146. | 1273.3 |
| 192 | 512. | 640. | 768. | 896. | 1024. | 1152. | 1280. |
| 193 | 514.7 | 643.3 | 772. | 900.7 | 1029.3 | 1158. | 1286.7 |
| 194 | 517.3 | 646.7 | 776. | 905.3 | 1034.7 | 1164. | 1293.3 |
| 195 | 520. | 650. | 780. | 910. | 1040. | 1170. | 1300. |
| 196 | 522.7 | 653.3 | 784. | 914.7 | 1045.3 | 1176. | 1306.7 |
| 197 | 525.3 | 656.7 | 788. | 919.3 | 1050.7 | 1182. | 1313.3 |
| 198 | 528. | 660. | 792. | 924. | 1056. | 1188. | 1320. |
| 199 | 530.7 | 663.3 | 796. | 928.7 | 1061.3 | 1194. | 1326.7 |
| 200 | 533.3 | 666.7 | 800. | 933.3 | 1066.7 | 1200. | 1333.3 |

# 1" x 4"

| Pcs. | 8 Ft. | 10 Ft. | 12 Ft. | 14 Ft. | 16 Ft. | 18 Ft. | 20 Ft. |
|---|---|---|---|---|---|---|---|
| 300 | 800. | 1000. | 1200. | 1400. | 1600. | 1800. | 2000. |
| 400 | 1066. | 1333.3 | 1600. | 1866.7 | 2133.3 | 2400. | 2666.7 |
| 500 | 1333.3 | 1666.7 | 2000. | 2333.3 | 2666.7 | 3000. | 3333.3 |
| 600 | 1600. | 2000. | 2400. | 2800. | 3200. | 3600. | 4000. |
| 700 | 1866.7 | 2333.3 | 2800. | 3266.7 | 3733.3 | 4200. | 4666.7 |
| 800 | 2133.3 | 2666.7 | 3200. | 3733.3 | 4266.7 | 4800. | 5333.3 |
| 900 | 2400. | 3000. | 3600. | 4200. | 4800. | 5400. | 6000. |
| 1000 | 2666.7 | 3333.3 | 4000. | 4666.7 | 5333.3 | 6000. | 6666.7 |

## 1" x 6"

| Pcs. | 8 Ft. | 10 Ft. | 12 Ft. | 14 Ft. | 16 Ft. | 18 Ft. | 20 Ft. |
|---|---|---|---|---|---|---|---|
| 1 | 4 | 5 | 6 | 7 | 8 | 9 | 10 |
| 2 | 8 | 10 | 12 | 14 | 16 | 18 | 20 |
| 3 | 12 | 15 | 18 | 21 | 24 | 27 | 30 |
| 4 | 16 | 20 | 24 | 28 | 32 | 36 | 40 |
| 5 | 20 | 25 | 30 | 35 | 40 | 45 | 50 |
| 6 | 24 | 30 | 36 | 42 | 48 | 54 | 60 |
| 7 | 28 | 35 | 42 | 49 | 56 | 63 | 70 |
| 8 | 32 | 40 | 48 | 56 | 64 | 72 | 80 |
| 9 | 36 | 45 | 54 | 63 | 72 | 81 | 90 |
| 10 | 40 | 50 | 60 | 70 | 80 | 90 | 100 |
| 11 | 44 | 55 | 66 | 77 | 88 | 99 | 110 |
| 12 | 48 | 60 | 72 | 84 | 96 | 108 | 120 |
| 13 | 52 | 65 | 78 | 91 | 104 | 117 | 130 |
| 14 | 56 | 70 | 84 | 98 | 112 | 126 | 140 |
| 15 | 60 | 75 | 90 | 105 | 120 | 135 | 150 |
| 16 | 64 | 80 | 96 | 112 | 128 | 144 | 160 |
| 17 | 68 | 85 | 102 | 119 | 136 | 153 | 170 |
| 18 | 72 | 90 | 108 | 126 | 144 | 162 | 180 |
| 19 | 76 | 95 | 114 | 133 | 152 | 171 | 190 |
| 20 | 80 | 100 | 120 | 140 | 160 | 180 | 200 |
| 21 | 84 | 105 | 126 | 147 | 168 | 189 | 210 |
| 22 | 88 | 110 | 132 | 154 | 176 | 198 | 220 |
| 23 | 92 | 115 | 138 | 161 | 184 | 207 | 230 |
| 24 | 96 | 120 | 144 | 168 | 192 | 216 | 240 |
| 25 | 100 | 125 | 150 | 175 | 200 | 225 | 250 |
| 26 | 104 | 130 | 156 | 182 | 208 | 234 | 260 |
| 27 | 108 | 135 | 162 | 189 | 216 | 243 | 270 |
| 28 | 112 | 140 | 168 | 196 | 224 | 252 | 280 |
| 29 | 116 | 145 | 174 | 203 | 232 | 261 | 290 |
| 30 | 120 | 150 | 180 | 210 | 240 | 270 | 300 |
| 31 | 124 | 155 | 186 | 217 | 248 | 279 | 310 |
| 32 | 128 | 160 | 192 | 224 | 256 | 288 | 320 |
| 33 | 132 | 165 | 198 | 231 | 264 | 297 | 330 |
| 34 | 136 | 170 | 204 | 238 | 272 | 306 | 340 |
| 35 | 140 | 175 | 210 | 245 | 280 | 315 | 350 |
| 36 | 144 | 180 | 216 | 252 | 288 | 324 | 360 |
| 37 | 148 | 185 | 222 | 259 | 296 | 333 | 370 |
| 38 | 152 | 190 | 228 | 266 | 304 | 342 | 380 |
| 39 | 156 | 195 | 234 | 273 | 312 | 251 | 390 |
| 40 | 160 | 200 | 240 | 280 | 320 | 360 | 400 |
| 41 | 164 | 205 | 246 | 287 | 328 | 369 | 410 |
| 42 | 168 | 210 | 252 | 294 | 336 | 378 | 420 |
| 43 | 172 | 215 | 258 | 301 | 344 | 387 | 430 |
| 44 | 176 | 220 | 264 | 308 | 352 | 396 | 440 |
| 45 | 180 | 225 | 270 | 315 | 360 | 405 | 450 |
| 46 | 184 | 230 | 276 | 322 | 368 | 414 | 460 |
| 47 | 188 | 235 | 282 | 329 | 376 | 423 | 470 |
| 48 | 192 | 240 | 288 | 336 | 384 | 432 | 480 |
| 49 | 196 | 245 | 294 | 343 | 392 | 441 | 490 |
| 50 | 200 | 250 | 300 | 350 | 400 | 450 | 500 |

1" x 6"

| Pcs. | 8 Ft. | 10 Ft. | 12 Ft. | 14 Ft. | 16 Ft. | 18 Ft. | 20 Ft. |
|---|---|---|---|---|---|---|---|
| 51 | 204 | 255 | 306 | 357 | 408 | 459 | 510 |
| 52 | 208 | 260 | 312 | 364 | 416 | 468 | 520 |
| 53 | 212 | 265 | 318 | 371 | 424 | 477 | 530 |
| 54 | 216 | 270 | 324 | 378 | 432 | 486 | 540 |
| 55 | 220 | 275 | 330 | 385 | 440 | 495 | 550 |
| 56 | 224 | 280 | 336 | 392 | 448 | 504 | 560 |
| 57 | 228 | 285 | 342 | 399 | 456 | 513 | 570 |
| 58 | 232 | 290 | 348 | 406 | 464 | 522 | 580 |
| 59 | 236 | 295 | 354 | 413 | 472 | 531 | 590 |
| 60 | 240 | 300 | 360 | 420 | 480 | 540 | 600 |
| 61 | 244 | 305 | 366 | 427 | 488 | 549 | 610 |
| 62 | 248 | 310 | 372 | 434 | 496 | 558 | 620 |
| 63 | 252 | 315 | 378 | 441 | 504 | 567 | 630 |
| 64 | 256 | 320 | 384 | 448 | 512 | 576 | 640 |
| 65 | 260 | 325 | 390 | 455 | 520 | 585 | 650 |
| 66 | 264 | 330 | 396 | 462 | 528 | 594 | 660 |
| 67 | 268 | 335 | 402 | 469 | 536 | 603 | 670 |
| 68 | 272 | 340 | 408 | 476 | 544 | 612 | 680 |
| 69 | 276 | 345 | 414 | 483 | 552 | 621 | 690 |
| 70 | 280 | 350 | 420 | 490 | 560 | 630 | 700 |
| 71 | 284 | 355 | 426 | 497 | 568 | 639 | 710 |
| 72 | 288 | 360 | 432 | 504 | 576 | 648 | 720 |
| 73 | 292 | 365 | 438 | 511 | 584 | 657 | 730 |
| 74 | 296 | 370 | 444 | 518 | 592 | 666 | 740 |
| 75 | 300 | 375 | 450 | 525 | 600 | 675 | 750 |
| 76 | 304 | 380 | 456 | 532 | 608 | 684 | 760 |
| 77 | 308 | 385 | 462 | 539 | 616 | 693 | 770 |
| 78 | 312 | 390 | 468 | 546 | 624 | 702 | 780 |
| 79 | 316 | 395 | 474 | 553 | 632 | 711 | 790 |
| 80 | 320 | 400 | 480 | 560 | 640 | 720 | 800 |
| 81 | 324 | 405 | 486 | 567 | 648 | 729 | 810 |
| 82 | 328 | 410 | 492 | 574 | 656 | 738 | 820 |
| 83 | 332 | 415 | 498 | 581 | 664 | 747 | 830 |
| 84 | 336 | 420 | 504 | 588 | 672 | 756 | 840 |
| 85 | 340 | 425 | 510 | 595 | 680 | 765 | 850 |
| 86 | 344 | 430 | 516 | 602 | 688 | 774 | 860 |
| 87 | 348 | 435 | 522 | 609 | 696 | 783 | 870 |
| 88 | 352 | 440 | 528 | 616 | 704 | 792 | 880 |
| 89 | 356 | 445 | 534 | 623 | 712 | 801 | 890 |
| 90 | 360 | 450 | 540 | 630 | 720 | 810 | 900 |
| 91 | 364 | 455 | 546 | 637 | 728 | 819 | 910 |
| 92 | 368 | 460 | 552 | 644 | 736 | 828 | 920 |
| 93 | 372 | 465 | 558 | 651 | 744 | 837 | 930 |
| 94 | 376 | 470 | 564 | 658 | 752 | 846 | 940 |
| 95 | 380 | 475 | 570 | 665 | 760 | 855 | 950 |
| 96 | 384 | 480 | 576 | 672 | 768 | 864 | 960 |
| 97 | 388 | 485 | 582 | 679 | 776 | 873 | 970 |
| 98 | 392 | 490 | 588 | 686 | 784 | 882 | 980 |
| 99 | 396 | 495 | 594 | 693 | 792 | 891 | 990 |
| 100 | 400 | 500 | 600 | 700 | 800 | 900 | 1000 |

# 1" x 6"

| Pcs. | 8 Ft. | 10 Ft. | 12 Ft. | 14 Ft. | 16 Ft. | 18 Ft. | 20 Ft. |
|---|---|---|---|---|---|---|---|
| 101 | 404 | 505 | 606 | 707 | 808 | 909 | 1010 |
| 102 | 408 | 510 | 612 | 714 | 816 | 918 | 1020 |
| 103 | 412 | 515 | 618 | 721 | 824 | 927 | 1030 |
| 104 | 416 | 520 | 624 | 728 | 832 | 936 | 1040 |
| 105 | 420 | 525 | 630 | 735 | 840 | 945 | 1050 |
| 106 | 424 | 530 | 636 | 742 | 848 | 954 | 1060 |
| 107 | 428 | 535 | 642 | 749 | 856 | 963 | 1070 |
| 108 | 432 | 540 | 648 | 756 | 864 | 972 | 1080 |
| 109 | 436 | 545 | 654 | 763 | 872 | 981 | 1090 |
| 110 | 440 | 550 | 660 | 770 | 880 | 990 | 1100 |
| 111 | 444 | 555 | 666 | 777 | 888 | 999 | 1110 |
| 112 | 448 | 560 | 672 | 784 | 896 | 1008 | 1120 |
| 113 | 452 | 565 | 678 | 791 | 904 | 1017 | 1130 |
| 114 | 456 | 570 | 684 | 798 | 912 | 1026 | 1140 |
| 115 | 460 | 575 | 690 | 805 | 920 | 1035 | 1150 |
| 116 | 464 | 580 | 696 | 812 | 928 | 1044 | 1160 |
| 117 | 468 | 585 | 702 | 819 | 936 | 1053 | 1170 |
| 118 | 472 | 590 | 708 | 826 | 944 | 1062 | 1180 |
| 119 | 476 | 595 | 714 | 833 | 952 | 1071 | 1190 |
| 120 | 480 | 600 | 720 | 840 | 960 | 1080 | 1200 |
| 121 | 484 | 605 | 726 | 847 | 968 | 1089 | 1210 |
| 122 | 488 | 610 | 732 | 854 | 976 | 1098 | 1220 |
| 123 | 492 | 615 | 738 | 861 | 984 | 1107 | 1230 |
| 124 | 496 | 620 | 744 | 868 | 992 | 1116 | 1240 |
| 125 | 500 | 625 | 750 | 875 | 1000 | 1125 | 1250 |
| 126 | 504 | 630 | 756 | 882 | 1008 | 1134 | 1260 |
| 127 | 508 | 635 | 762 | 889 | 1016 | 1143 | 1270 |
| 128 | 512 | 640 | 768 | 896 | 1024 | 1152 | 1280 |
| 129 | 516 | 645 | 774 | 903 | 1032 | 1161 | 1290 |
| 130 | 520 | 650 | 780 | 910 | 1040 | 1170 | 1300 |
| 131 | 524 | 655 | 786 | 917 | 1048 | 1179 | 1310 |
| 132 | 528 | 660 | 792 | 924 | 1056 | 1188 | 1320 |
| 133 | 532 | 665 | 798 | 931 | 1064 | 1197 | 1330 |
| 134 | 536 | 670 | 804 | 938 | 1072 | 1206 | 1340 |
| 135 | 540 | 675 | 810 | 945 | 1080 | 1215 | 1350 |
| 136 | 544 | 680 | 816 | 952 | 1088 | 1224 | 1360 |
| 137 | 548 | 685 | 822 | 959 | 1096 | 1233 | 1370 |
| 138 | 552 | 690 | 828 | 966 | 1104 | 1242 | 1380 |
| 139 | 556 | 695 | 834 | 973 | 1112 | 1251 | 1390 |
| 140 | 560 | 700 | 840 | 980 | 1120 | 1260 | 1400 |
| 141 | 564 | 705 | 846 | 987 | 1128 | 1269 | 1410 |
| 142 | 568 | 710 | 852 | 994 | 1136 | 1278 | 1420 |
| 143 | 572 | 715 | 858 | 1001 | 1144 | 1287 | 1430 |
| 144 | 576 | 720 | 864 | 1008 | 1152 | 1296 | 1440 |
| 145 | 580 | 725 | 870 | 1015 | 1160 | 1305 | 1450 |
| 146 | 584 | 730 | 876 | 1022 | 1168 | 1314 | 1460 |
| 147 | 588 | 735 | 882 | 1029 | 1176 | 1323 | 1470 |
| 148 | 592 | 740 | 888 | 1036 | 1184 | 1332 | 1480 |
| 149 | 596 | 745 | 894 | 1043 | 1192 | 1341 | 1490 |
| 150 | 600 | 750 | 900 | 1050 | 1200 | 1350 | 1500 |

## 1" x 6"

| Pcs. | 8 Ft. | 10 Ft. | 12 Ft. | 14 Ft. | 16 Ft. | 18 Ft. | 20 Ft. |
|---|---|---|---|---|---|---|---|
| 151 | 604 | 755 | 906 | 1057 | 1208 | 1359 | 1510 |
| 152 | 608 | 760 | 912 | 1064 | 1216 | 1368 | 1520 |
| 153 | 612 | 765 | 918 | 1071 | 1224 | 1377 | 1530 |
| 154 | 616 | 770 | 924 | 1078 | 1232 | 1386 | 1540 |
| 155 | 620 | 775 | 930 | 1085 | 1240 | 1395 | 1550 |
| 156 | 624 | 780 | 936 | 1092 | 1248 | 1404 | 1560 |
| 157 | 628 | 785 | 942 | 1099 | 1256 | 1413 | 1570 |
| 158 | 632 | 790 | 948 | 1106 | 1264 | 1422 | 1580 |
| 159 | 636 | 795 | 954 | 1113 | 1272 | 1431 | 1590 |
| 160 | 640 | 800 | 960 | 1120 | 1280 | 1440 | 1600 |
| 161 | 644 | 805 | 966 | 1127 | 1288 | 1449 | 1610 |
| 162 | 648 | 810 | 972 | 1134 | 1296 | 1458 | 1620 |
| 163 | 652 | 815 | 978 | 1141 | 1304 | 1467 | 1630 |
| 164 | 656 | 820 | 984 | 1148 | 1312 | 1476 | 1640 |
| 165 | 660 | 825 | 990 | 1155 | 1320 | 1485 | 1650 |
| 166 | 664 | 830 | 996 | 1162 | 1328 | 1494 | 1660 |
| 167 | 668 | 835 | 1002 | 1169 | 1336 | 1503 | 1670 |
| 168 | 672 | 840 | 1008 | 1176 | 1344 | 1512 | 1680 |
| 169 | 676 | 845 | 1014 | 1183 | 1352 | 1521 | 1690 |
| 170 | 680 | 850 | 1020 | 1190 | 1360 | 1530 | 1700 |
| 171 | 684 | 855 | 1026 | 1197 | 1368 | 1539 | 1710 |
| 172 | 688 | 860 | 1032 | 1204 | 1376 | 1548 | 1720 |
| 173 | 692 | 865 | 1038 | 1211 | 1384 | 1557 | 1730 |
| 174 | 696 | 870 | 1044 | 1218 | 1392 | 1566 | 1740 |
| 175 | 700 | 875 | 1050 | 1225 | 1400 | 1575 | 1750 |
| 176 | 704 | 880 | 1056 | 1232 | 1408 | 1584 | 1760 |
| 177 | 708 | 885 | 1062 | 1239 | 1416 | 1593 | 1770 |
| 178 | 712 | 890 | 1068 | 1246 | 1424 | 1602 | 1780 |
| 179 | 716 | 895 | 1074 | 1253 | 1432 | 1611 | 1790 |
| 180 | 720 | 900 | 1080 | 1260 | 1440 | 1620 | 1800 |
| 181 | 724 | 905 | 1086 | 1267 | 1448 | 1629 | 1810 |
| 182 | 728 | 910 | 1092 | 1274 | 1456 | 1638 | 1820 |
| 183 | 732 | 915 | 1098 | 1281 | 1464 | 1647 | 1830 |
| 184 | 736 | 920 | 1104 | 1288 | 1472 | 1656 | 1840 |
| 185 | 740 | 925 | 1110 | 1295 | 1480 | 1665 | 1850 |
| 186 | 744 | 930 | 1116 | 1302 | 1488 | 1674 | 1860 |
| 187 | 748 | 935 | 1122 | 1309 | 1496 | 1683 | 1870 |
| 188 | 752 | 940 | 1128 | 1316 | 1504 | 1692 | 1880 |
| 189 | 756 | 945 | 1134 | 1323 | 1512 | 1701 | 1890 |
| 190 | 760 | 950 | 1140 | 1330 | 1520 | 1710 | 1900 |
| 191 | 764 | 955 | 1146 | 1337 | 1528 | 1719 | 1910 |
| 192 | 768 | 960 | 1152 | 1344 | 1536 | 1728 | 1920 |
| 193 | 772 | 965 | 1158 | 1351 | 1544 | 1737 | 1930 |
| 194 | 776 | 970 | 1164 | 1358 | 1552 | 1746 | 1940 |
| 195 | 780 | 975 | 1170 | 1365 | 1560 | 1755 | 1950 |
| 196 | 784 | 980 | 1176 | 1372 | 1568 | 1764 | 1960 |
| 197 | 788 | 985 | 1182 | 1379 | 1576 | 1773 | 1970 |
| 198 | 792 | 990 | 1188 | 1386 | 1584 | 1782 | 1980 |
| 199 | 796 | 995 | 1194 | 1393 | 1592 | 1791 | 1990 |
| 200 | 800 | 1000 | 1200 | 1400 | 1600 | 1800 | 2000 |

1" x 6"

| Pcs. | 8 Ft. | 10 Ft. | 12 Ft. | 14 Ft. | 16 Ft. | 18 Ft. | 20 Ft. |
|---|---|---|---|---|---|---|---|
| 300 | 1200 | 1500 | 1800 | 2100 | 2400 | 2700 | 3000 |
| 400 | 1600 | 2000 | 2400 | 2800 | 3200 | 3600 | 4000 |
| 500 | 2000 | 2500 | 3000 | 3500 | 4000 | 4500 | 5000 |
| 600 | 2400 | 3000 | 3600 | 4200 | 4800 | 5400 | 6000 |
| 700 | 2800 | 3500 | 4200 | 4900 | 5600 | 6300 | 7000 |
| 800 | 3200 | 4000 | 4800 | 5600 | 6400 | 7200 | 8000 |
| 900 | 3600 | 4500 | 5400 | 6300 | 7200 | 8100 | 9000 |
| 1000 | 4000 | 5000 | 6000 | 7000 | 8000 | 9000 | 10000 |

1" x 8"

| Pcs. | 8 Ft. | 10 Ft. | 12 Ft. | 14 Ft. | 16 Ft. | 18 Ft. | 20 Ft. | 22 Ft. |
|---|---|---|---|---|---|---|---|---|
| 1 | 5.3 | 6.7 | 8. | 9.3 | 10.7 | 12. | 13.3 | 14.7 |
| 2 | 10.7 | 13.3 | 16. | 18.7 | 21.3 | 24. | 26.7 | 29.3 |
| 3 | 16. | 20. | 24. | 28. | 32. | 36. | 40. | 44. |
| 4 | 21.3 | 26.7 | 32. | 37.3 | 42.7 | 48. | 53.3 | 58.7 |
| 5 | 26.7 | 33.3 | 40. | 46.7 | 53.3 | 60. | 66.7 | 73.3 |
| 6 | 32. | 40. | 48. | 56. | 64. | 72. | 80. | 88. |
| 7 | 37.3 | 46.7 | 56. | 65.3 | 74.7 | 84. | 93.3 | 102.7 |
| 8 | 42.7 | 53.3 | 64. | 74.7 | 85.3 | 96 | 106.7 | 117.3 |
| 9 | 48. | 60. | 72. | 84. | 96. | 108. | 120. | 132. |
| 10 | 53.3 | 66.7 | 80. | 93.3 | 106.7 | 120. | 133.3 | 146.7 |
| 11 | 58.7 | 73.3 | 88. | 102.7 | 117.3 | 132. | 146.7 | 161.3 |
| 12 | 64. | 80. | 96. | 112. | 128. | 144. | 160. | 176. |
| 13 | 69.3 | 86.7 | 104. | 121.3 | 138.7 | 156. | 173.3 | 190.7 |
| 14 | 74.7 | 93.3 | 112. | 130.7 | 149.3 | 168. | 186.7 | 205.3 |
| 15 | 80. | 100. | 120. | 140. | 160. | 180. | 200. | 220. |
| 16 | 85.3 | 106.7 | 128. | 149.3 | 170.7 | 192. | 213.3 | 234.7 |
| 17 | 90.7 | 113.3 | 136. | 158.7 | 181.3 | 204. | 226.7 | 249.3 |
| 18 | 96. | 120. | 144. | 168. | 192. | 216. | 240. | 264. |
| 19 | 101.3 | 126.7 | 152. | 177.3 | 202.7 | 228. | 253.3 | 278.7 |
| 20 | 106.7 | 133.3 | 160. | 186.7 | 213.3 | 240. | 266.7 | 293.3 |
| 21 | 112 | 140. | 168. | 196. | 224. | 252. | 280. | 308. |
| 22 | 117.3 | 146.7 | 176. | 205.3 | 234.7 | 264. | 293.3 | 322.7 |
| 23 | 122.7 | 153.3 | 184. | 214.7 | 245.3 | 276. | 306.7 | 337.3 |
| 24 | 128. | 160. | 192. | 224. | 256. | 288. | 320. | 352. |
| 25 | 133.3 | 166.7 | 200. | 233.3 | 266.7 | 300. | 333.3 | 366.7 |
| 26 | 138.7 | 173.3 | 208. | 242.7 | 277.3 | 312. | 346.7 | 381.3 |
| 27 | 144. | 180. | 216. | 252. | 288. | 324. | 360. | 396. |
| 28 | 149.3 | 186.7 | 224. | 261.3 | 298.7 | 336. | 373.3 | 410.7 |
| 29 | 154.7 | 193.3 | 232. | 270.7 | 309.3 | 348. | 386.7 | 425.3 |
| 30 | 160. | 200. | 240. | 280. | 320. | 360. | 400. | 440. |
| 31 | 165.3 | 206.7 | 248. | 289.3 | 330.7 | 372. | 413.3 | 454.7 |
| 32 | 170.7 | 213.3 | 256. | 298.7 | 341.3 | 384. | 426.7 | 469.3 |
| 33 | 176. | 220. | 264. | 308. | 352. | 396. | 440. | 484. |
| 34 | 181.3 | 226.7 | 272. | 317.3 | 362.7 | 408. | 453.3 | 498.7 |
| 35 | 186.7 | 233.3 | 280. | 326.7 | 373.3 | 420. | 466.7 | 513.3 |
| 36 | 192. | 240. | 288. | 336. | 384. | 432. | 480. | 528. |
| 37 | 197.3 | 246.7 | 296. | 345.3 | 394.7 | 444. | 493.3 | 542.7 |
| 38 | 202.7 | 253.3 | 304. | 354.7 | 405.3 | 456. | 506.7 | 557.3 |
| 39 | 208. | 260. | 312. | 364. | 416. | 468. | 520. | 572. |
| 40 | 213.3 | 266.7 | 320. | 373.3 | 426.7 | 480. | 533.3 | 586.7 |
| 41 | 218.7 | 273.3 | 328. | 382.7 | 437.3 | 492. | 546.7 | 601.3 |
| 42 | 224. | 280. | 336. | 392. | 448. | 504. | 560. | 616. |
| 43 | 229.3 | 286.7 | 344. | 401.3 | 458.7 | 516. | 573.3 | 630.7 |
| 44 | 234.7 | 293.3 | 352. | 410.7 | 469.3 | 528. | 586.7 | 645.3 |
| 45 | 240. | 300. | 360. | 420. | 480. | 540. | 600. | 660. |
| 46 | 245.3 | 306.7 | 368. | 429.3 | 490.7 | 552. | 613.3 | 674.7 |
| 47 | 250.7 | 313.3 | 376. | 438.7 | 501.3 | 564. | 626.7 | 689.3 |
| 48 | 256. | 320. | 384. | 448. | 512. | 576. | 640. | 704. |
| 49 | 261.3 | 326.7 | 392. | 457.3 | 522.7 | 588. | 653.3 | 718.7 |
| 50 | 266.7 | 333.3 | 400. | 466.7 | 533.3 | 600. | 666.7 | 733.3 |

1" x 8"

| Pcs. | 8 Ft. | 10 Ft. | 12 Ft. | 14 Ft. | 16 Ft. | 18 Ft. | 20 Ft. | 22 Ft. |
|---|---|---|---|---|---|---|---|---|
| 51 | 272. | 340. | 408. | 476. | 544. | 612. | 680. | 748. |
| 52 | 277.3 | 346.7 | 416. | 485.3 | 554.3 | 624. | 693.3 | 762.7 |
| 53 | 282.7 | 353.3 | 424. | 494.7 | 565.3 | 636. | 706.7 | 777.3 |
| 54 | 288. | 360. | 432. | 504. | 576. | 648. | 720. | 792. |
| 55 | 293.3 | 366.7 | 440. | 513.3 | 586.7 | 660. | 733.3 | 806.7 |
| 56 | 298.7 | 373.3 | 448. | 522.7 | 597.3 | 672. | 746.7 | 821.3 |
| 57 | 304. | 380. | 456. | 532. | 608. | 684. | 760. | 836. |
| 58 | 309.3 | 386.7 | 464. | 541.3 | 618.7 | 696. | 773.3 | 850.7 |
| 59 | 314.7 | 393.3 | 472. | 550.7 | 629.3 | 708. | 786.7 | 865.3 |
| 60 | 320. | 400. | 480. | 560. | 640. | 720. | 800. | 880. |
| 61 | 325.3 | 406.7 | 488. | 569.3 | 650.7 | 732. | 813.3 | 894.7 |
| 62 | 330.7 | 413.3 | 496. | 578.7 | 661.3 | 744. | 826.7 | 909.3 |
| 63 | 336. | 420. | 504. | 588. | 672. | 756. | 840. | 924. |
| 64 | 341.3 | 426.7 | 512. | 597.3 | 682.7 | 768. | 853.3 | 938.7 |
| 65 | 346.7 | 433.3 | 520. | 606.7 | 693.3 | 780. | 866.7 | 953.3 |
| 66 | 352. | 440. | 528. | 616. | 704. | 792. | 880. | 968. |
| 67 | 357.3 | 446.7 | 536. | 625.3 | 714.7 | 804. | 893.3 | 982.7 |
| 68 | 362.7 | 453.3 | 544. | 634.7 | 725.3 | 816. | 906.7 | 997.3 |
| 69 | 368. | 460. | 552. | 644. | 736. | 828. | 920. | 1012. |
| 70 | 373.3 | 466.7 | 560. | 653.3 | 746.7 | 840. | 933.3 | 1026.7 |
| 71 | 378.7 | 473.3 | 568. | 662.7 | 757.3 | 852. | 946.7 | 1041.3 |
| 72 | 384. | 480. | 576. | 672. | 768. | 864. | 960. | 1056. |
| 73 | 389.3 | 486.7 | 584. | 681.3 | 778.7 | 876. | 973.3 | 1070.7 |
| 74 | 394.7 | 493.3 | 592. | 690.7 | 789.3 | 888. | 986.7 | 1085.3 |
| 75 | 400. | 500. | 600. | 700. | 800. | 900. | 1000. | 1100. |
| 76 | 405.3 | 506.7 | 608. | 709.3 | 810.7 | 912. | 1013.3 | 1114.7 |
| 77 | 410.7 | 513.3 | 616. | 718.7 | 821.3 | 924. | 1026.7 | 1129.3 |
| 78 | 416. | 520. | 624. | 728. | 832. | 936. | 1040. | 1144. |
| 79 | 421.3 | 526.7 | 632. | 737.3 | 842.7 | 948. | 1053.3 | 1158.7 |
| 80 | 426.7 | 533.3 | 640. | 746.7 | 853.3 | 960. | 1066.7 | 1173.3 |
| 81 | 432. | 540. | 648. | 756. | 864. | 972. | 1080. | 1188. |
| 82 | 437.3 | 546.7 | 656. | 765.3 | 874.7 | 984. | 1093.3 | 1202.7 |
| 83 | 442.7 | 553.3 | 664. | 774.7 | 885.3 | 996. | 1106.7 | 1217.3 |
| 84 | 448. | 560. | 672. | 784. | 896. | 1008. | 1120. | 1232. |
| 85 | 453.3 | 566.7 | 680. | 793.3 | 906.7 | 1020. | 1133.3 | 1246.7 |
| 86 | 458.7 | 573.3 | 688. | 802.7 | 917.3 | 1032. | 1146.7 | 1261.3 |
| 87 | 464. | 580. | 696. | 812. | 928. | 1044. | 1160. | 1276. |
| 88 | 469.3 | 586.7 | 704. | 821.3 | 938.7 | 1056. | 1173.3 | 1290.7 |
| 89 | 474.7 | 593.3 | 712. | 830.7 | 949.3 | 1068 | 1186.7 | 1305.3 |
| 90 | 480. | 600. | 720. | 840. | 960. | 1080. | 1200. | 1320. |
| 91 | 485.3 | 606.7 | 728. | 849.3 | 970.7 | 1092. | 1213.3 | 1334.7 |
| 92 | 490.7 | 613.3 | 736. | 858.7 | 981.3 | 1104. | 1226.7 | 1349.3 |
| 93 | 496. | 620. | 744. | 868. | 992. | 1116. | 1240. | 1364. |
| 94 | 501.3 | 626.7 | 752. | 877.3 | 1002.7 | 1128. | 1253.3 | 1378.7 |
| 95 | 506.7 | 633.3 | 760. | 886.7 | 1013.3 | 1140. | 1266.7 | 1393.3 |
| 96 | 512. | 640. | 768. | 896. | 1024. | 1152 | 1280. | 1408. |
| 97 | 517.3 | 646.7 | 776. | 905.3 | 1034.7 | 1164. | 1293.3 | 1422.7 |
| 98 | 522.7 | 653.3 | 784. | 914.7 | 1045.3 | 1176. | 1306.7 | 1437.3 |
| 99 | 528. | 660. | 792. | 924. | 1056. | 1188. | 1320. | 1452. |
| 100 | 533.3 | 666.7 | 800. | 933.3 | 1066.7 | 1200. | 1333.3 | 1466.7 |

1" x 8"

| Pcs. | 8 Ft. | 10 Ft. | 12 Ft. | 14 Ft. | 16 Ft. | 18 Ft. | 20 Ft. | 22 Ft. |
|---|---|---|---|---|---|---|---|---|
| 200 | 1066.7 | 1333.3 | 1600. | 1866.7 | 2133.3 | 2400. | 2666.7 | 2933.3 |
| 300 | 1600. | 2000. | 2400. | 2800. | 3200. | 3600. | 4000. | 4400. |
| 400 | 2133.3 | 2666.7 | 3200. | 3733.3 | 4266.7 | 4800. | 5333.3 | 5866.7 |
| 500 | 2666.7 | 3333.3 | 4000. | 4666.7 | 5333.3 | 6000. | 6666.7 | 7333.3 |
| 600 | 3200. | 4000. | 4800. | 5600. | 6400. | 7200. | 8000. | 8800. |
| 700 | 3733.3 | 4666.7 | 5600. | 6533.3 | 7466.7 | 8400. | 9333.3 | 10266.7 |
| 800 | 4266.7 | 5333.3 | 6400. | 7466.7 | 8533.3 | 9600. | 10666.7 | 11733.3 |
| 900 | 4800. | 6000. | 7200. | 8400. | 9600. | 10800. | 12000. | 13200. |
| 1000 | 5333.3 | 6666.7 | 8000. | 9333.3 | 10666.7 | 12000. | 13333.3 | 14666.7 |

## 1" x 10"

| Pcs. | 8 Ft. | 10 Ft. | 12 Ft. | 14 Ft. | 16 Ft. | 18 Ft. | 20 Ft. |
|---|---|---|---|---|---|---|---|
| 1 | 6.7 | 8.3 | 10. | 11.7 | 13.3 | 15. | 16.7 |
| 2 | 13.3 | 16.7 | 20. | 23.3 | 26.7 | 30. | 33.3 |
| 3 | 20. | 25. | 30. | 35. | 40. | 45. | 50. |
| 4 | 26.7 | 33.3 | 40. | 46.7 | 53.7 | 60. | 66.7 |
| 5 | 33.3 | 41.7 | 50. | 58.3 | 66.7 | 75. | 83.3 |
| 6 | 40. | 50. | 60. | 70. | 80. | 90. | 100. |
| 7 | 46.7 | 58.3 | 70. | 81.7 | 93.3 | 105. | 116.7 |
| 8 | 53.3 | 66.7 | 80. | 93.3 | 106,7 | 120. | 133.3 |
| 9 | 60. | 75. | 90. | 105. | 120. | 135. | 150. |
| 10 | 66.7 | 83.3 | 100. | 116.7 | 133.3 | 150. | 166.7 |
| 11 | 73.3 | 91.7 | 110. | 128.3 | 146.7 | 165. | 183.3 |
| 12 | 80. | 100. | 120. | 140. | 160. | 180. | 200. |
| 13 | 86.7 | 108.3 | 130. | 151.7 | 173.3 | 195. | 216.7 |
| 14 | 93.3 | 116.7 | 140. | 163.3 | 186.7 | 210. | 233.3 |
| 15 | 100. | 125. | 150. | 175. | 200. | 225. | 250. |
| 16 | 106.7 | 133.3 | 160. | 186.7 | 213.3 | 240. | 266.7 |
| 17 | 113.3 | 141.7 | 170. | 198.3 | 226.7 | 255. | 283.3 |
| 18 | 120. | 150. | 180. | 210. | 240. | 270. | 300. |
| 19 | 126.7 | 158.3 | 190. | 221.7 | 253.3 | 285. | 316.7 |
| 20 | 133.3 | 166.7 | 200. | 233.3 | 266.7 | 300. | 333.3 |
| 21 | 140. | 175. | 210. | 245. | 280. | 315. | 350. |
| 22 | 146.7 | 183.3 | 220. | 256.7 | 293.3 | 330. | 366.7 |
| 23 | 153.3 | 191.7 | 230. | 268.3 | 306.7 | 345. | 383.3 |
| 24 | 160. | 200. | 240. | 280. | 320. | 360. | 400. |
| 25 | 166.7 | 208.3 | 250. | 291.7 | 333.3 | 375. | 416.7 |
| 26 | 173.3 | 216.7 | 260. | 303.3 | 346.7 | 390. | 433.3 |
| 27 | 180. | 225. | 270. | 315. | 360. | 405. | 450. |
| 28 | 186.7 | 233.3 | 280. | 326.7 | 373.3 | 420. | 466.7 |
| 29 | 193.3 | 241.7 | 290. | 338.3 | 386.7 | 435. | 483.3 |
| 30 | 200. | 250. | 300. | 350. | 400. | 450. | 500. |
| 31 | 206.7 | 258.3 | 310. | 361.7 | 413.3 | 465. | 516.7 |
| 32 | 213.3 | 266.7 | 320. | 373.3 | 426.7 | 480. | 533.3 |
| 33 | 220. | 275. | 330. | 385. | 440. | 495. | 550. |
| 34 | 226.7 | 283.3 | 340. | 396.7 | 453.3 | 510. | 566.7 |
| 35 | 233.3 | 291.7 | 350. | 408.3 | 466.7 | 525. | 583.3 |
| 36 | 240. | 300. | 360. | 420. | 480. | 540. | 600. |
| 37 | 246.7 | 308.3 | 370. | 431.7 | 493.3 | 555. | 616.7 |
| 38 | 253.3 | 316.7 | 380. | 443.3 | 506.7 | 570. | 633.3 |
| 39 | 260. | 325. | 390. | 455. | 520. | 585. | 650. |
| 40 | 266.7 | 333.3 | 400. | 466.7 | 533.3 | 600. | 666.7 |
| 41 | 273.3 | 341.7 | 410. | 478.3 | 546.7 | 615. | 683.3 |
| 42 | 280. | 350. | 420. | 490. | 560. | 630. | 700. |
| 43 | 286.7 | 358.3 | 430. | 501.7 | 573.3 | 645. | 716.7 |
| 44 | 293.3 | 366.7 | 440. | 513.3 | 586.7 | 660. | 733.3 |
| 45 | 300. | 375. | 450. | 525. | 600. | 675. | 750. |
| 46 | 306.7 | 383.3 | 460. | 536.7 | 613.3 | 690. | 766.7 |
| 47 | 313.3 | 391.7 | 470. | 548.3 | 626.7 | 705. | 783.3 |
| 48 | 320. | 400. | 480. | 560. | 640. | 720. | 800. |
| 49 | 326.7 | 408.3 | 490. | 571.7 | 653.3 | 735. | 816.7 |
| 50 | 333.3 | 416.7 | 500. | 583.3 | 666.7 | 750. | 833.3 |

## 1" x 10"

| Pcs. | 8 Ft. | 10 Ft. | 12 Ft. | 14 Ft. | 16 Ft. | 18 Ft. | 20 Ft. |
|---|---|---|---|---|---|---|---|
| 51 | 340. | 425. | 510. | 595. | 680. | 765. | 850. |
| 52 | 346.7 | 433.3 | 520. | 606.7 | 693.3 | 780. | 866.7 |
| 53 | 353.3 | 441.7 | 530. | 618.3 | 706.7 | 795. | 883.3 |
| 54 | 360. | 450. | 540. | 630. | 720. | 810. | 900. |
| 55 | 366.7 | 458.3 | 550. | 641.7 | 733.3 | 825. | 916.7 |
| 56 | 373.3 | 466.7 | 560. | 653.3 | 746.7 | 840. | 933.3 |
| 57 | 380. | 475. | 570. | 665. | 760. | 855. | 950. |
| 58 | 386.7 | 483.3 | 580. | 676.7 | 773.3 | 870. | 966.7 |
| 59 | 393.3 | 491.7 | 590. | 688.3 | 786.7 | 885. | 983.3 |
| 60 | 400. | 500. | 600. | 700. | 800. | 900. | 1000. |
| 61 | 406.7 | 508.3 | 610. | 711.7 | 813.3 | 915. | 1016.7 |
| 62 | 413.3 | 516.7 | 620. | 723.3 | 826.7 | 930. | 1033.3 |
| 63 | 420. | 525. | 630. | 735. | 840. | 945. | 1050. |
| 64 | 426.7 | 533.3 | 640. | 746.7 | 853.3 | 960. | 1066.7 |
| 65 | 433.3 | 541.7 | 650. | 758.3 | 866.7 | 975. | 1083.3 |
| 66 | 440. | 550. | 660. | 770. | 880. | 990. | 1100. |
| 67 | 446.7 | 558.3 | 670. | 781.7 | 893.3 | 1005. | 1116.7 |
| 68 | 453.3 | 566.7 | 680. | 793.3 | 906.7 | 1020. | 1133.3 |
| 69 | 460. | 575. | 690. | 805. | 920. | 1035. | 1150. |
| 70 | 466.7 | 583.3 | 700. | 816.7 | 933.3 | 1050. | 1166.7 |
| 71 | 473.3 | 591.7 | 710. | 828.3 | 946.7 | 1065. | 1183.3 |
| 72 | 480. | 600. | 720. | 840. | 960. | 1080. | 1200. |
| 73 | 486.7 | 608.3 | 730. | 851.7 | 973.3 | 1095. | 1216.7 |
| 74 | 493.3 | 616.7 | 740. | 863.3 | 986.7 | 1110. | 1233.3 |
| 75 | 500. | 625. | 750. | 875. | 1000. | 1125. | 1250. |
| 76 | 506.7 | 633.3 | 760. | 886.7 | 1013.3 | 1140. | 1266.7 |
| 77 | 513.3 | 641.7 | 770. | 898.3 | 1026.7 | 1155. | 1283.3 |
| 78 | 520. | 650. | 780. | 910. | 1040. | 1170. | 1300 |
| 79 | 526.7 | 658.3 | 790. | 921.7 | 1053.3 | 1185. | 1316.7 |
| 80 | 533.3 | 666.7 | 800. | 933.3 | 1066.7 | 1200. | 1333.3 |
| 81 | 540. | 675. | 810. | 945. | 1080. | 1215. | 1350. |
| 82 | 546.7 | 683.3 | 820. | 956.7 | 1093.3 | 1230. | 1366.7 |
| 83 | 553.3 | 691.7 | 830. | 968.3 | 1106.7 | 1245. | 1383.3 |
| 84 | 560. | 700. | 840. | 980. | 1120. | 1260. | 1400. |
| 85 | 566.7 | 708.3 | 850. | 991.7 | 1133.3 | 1275. | 1416.7 |
| 86 | 573.3 | 716.7 | 860. | 1003.3 | 1146.7 | 1290. | 1433.3 |
| 87 | 580. | 725. | 870. | 1015. | 1160. | 1305. | 1450. |
| 88 | 586.7 | 733.3 | 880. | 1026.7 | 1173.3 | 1320. | 1466.7 |
| 89 | 593.3 | 741.7 | 890. | 1038.3 | 1186.7 | 1335. | 1483.3 |
| 90 | 600. | 750. | 900. | 1050. | 1200. | 1350. | 1500. |
| 91 | 606.7 | 758.3 | 910. | 1061.7 | 1213.3 | 1365. | 1516.7 |
| 92 | 613.3 | 766.7 | 920. | 1073.3 | 1226.7 | 1380. | 1533.3 |
| 93 | 620. | 775. | 930. | 1085. | 1240. | 1395. | 1550. |
| 94 | 626.7 | 783.3 | 940. | 1096.7 | 1253.3 | 1410. | 1566.7 |
| 95 | 633.3 | 791.7 | 950. | 1108.3 | 1266.7 | 1425. | 1583.3 |
| 96 | 640. | 800. | 960. | 1120. | 1280. | 1440. | 1600. |
| 97 | 646.7 | 808.3 | 970. | 1131.7 | 1293.3 | 1455. | 1616.7 |
| 98 | 653.3 | 816.7 | 980. | 1143.3 | 1306.7 | 1470. | 1633.3 |
| 99 | 660. | 825. | 990. | 1155. | 1320. | 1485. | 1650. |
| 100 | 666.7 | 833.3 | 1000. | 1166.7 | 1333.3 | 1500. | 1666.7 |

1" x 10"

| Pcs. | 8 Ft. | 10 Ft. | 12 Ft. | 14 Ft. | 16 Ft. | 18 Ft. | 20 Ft. |
|---|---|---|---|---|---|---|---|
| 200 | 1333.3 | 1666.7 | 2000. | 2333.3 | 2666.7 | 3000. | 3333.3 |
| 300 | 2000. | 2500. | 3000. | 3500. | 4000. | 4500. | 5000. |
| 400 | 2666.7 | 3333.3 | 4000. | 4666.7 | 5333.3 | 6000. | 6666.7 |
| 500 | 3333.3 | 4166.7 | 5000. | 5833.3 | 6666.7 | 7500. | 8333.3 |
| 600 | 4000. | 5000. | 6000. | 7000. | 8000. | 9000. | 10000. |
| 700 | 4666.7 | 5833.3 | 7000. | 8166.7 | 9333.3 | 10500. | 11666.7 |
| 800 | 5333.3 | 6666.7 | 8000. | 9333.3 | 10666.7 | 12000. | 13333.3 |
| 900 | 6000. | 7500. | 9000. | 10500. | 12000. | 13500. | 15000. |
| 1000 | 6666.7 | 8333.3 | 10000. | 11666.6 | 13333.3 | 15000. | 16666.7 |

1" x 12"

| Pcs. | 8 Ft. | 10 Ft. | 12 Ft. | 14 Ft. | 16 Ft. | 18 Ft. | 20 Ft. | 22 Ft. |
|---|---|---|---|---|---|---|---|---|
| 1 | 8 | 10 | 12 | 14 | 16 | 18 | 20 | 22 |
| 2 | 16 | 20 | 24 | 28 | 32 | 36 | 40 | 44 |
| 3 | 24 | 30 | 36 | 42 | 48 | 54 | 60 | 66 |
| 4 | 32 | 40 | 48 | 56 | 64 | 72 | 80 | 88 |
| 5 | 40 | 50 | 60 | 70 | 80 | 90 | 100 | 110 |
| 6 | 48 | 60 | 72 | 84 | 96 | 108 | 120 | 132 |
| 7 | 56 | 70 | 84 | 98 | 112 | 126 | 140 | 154 |
| 8 | 64 | 80 | 96 | 112 | 128 | 144 | 160 | 176 |
| 9 | 72 | 90 | 108 | 126 | 144 | 162 | 180 | 198 |
| 10 | 80 | 100 | 120 | 140 | 160 | 180 | 200 | 220 |
| 11 | 88 | 110 | 132 | 154 | 176 | 198 | 220 | 242 |
| 12 | 96 | 120 | 144 | 168 | 192 | 216 | 240 | 264 |
| 13 | 104 | 130 | 156 | 182 | 208 | 234 | 260 | 286 |
| 14 | 112 | 140 | 168 | 196 | 224 | 252 | 280 | 308 |
| 15 | 120 | 150 | 180 | 210 | 240 | 270 | 300 | 330 |
| 16 | 128 | 160 | 192 | 224 | 256 | 288 | 320 | 352 |
| 17 | 136 | 170 | 204 | 238 | 272 | 306 | 340 | 374 |
| 18 | 144 | 180 | 216 | 252 | 288 | 324 | 360 | 396 |
| 19 | 152 | 190 | 228 | 266 | 304 | 342 | 380 | 418 |
| 20 | 160 | 200 | 240 | 280 | 320 | 360 | 400 | 440 |
| 21 | 168 | 210 | 252 | 294 | 336 | 378 | 420 | 462 |
| 22 | 176 | 220 | 264 | 308 | 352 | 396 | 440 | 484 |
| 23 | 184 | 230 | 276 | 322 | 368 | 414 | 460 | 506 |
| 24 | 192 | 240 | 288 | 336 | 384 | 432 | 480 | 528 |
| 25 | 200 | 250 | 300 | 350 | 400 | 450 | 500 | 550 |
| 26 | 208 | 260 | 312 | 364 | 416 | 468 | 520 | 572 |
| 27 | 216 | 270 | 324 | 378 | 432 | 486 | 540 | 594 |
| 28 | 224 | 280 | 336 | 392 | 448 | 504 | 560 | 616 |
| 29 | 232 | 290 | 348 | 406 | 464 | 522 | 580 | 638 |
| 30 | 240 | 300 | 360 | 420 | 480 | 540 | 600 | 660 |
| 31 | 248 | 310 | 372 | 434 | 496 | 558 | 620 | 682 |
| 32 | 256 | 320 | 384 | 448 | 512 | 576 | 640 | 704 |
| 33 | 264 | 330 | 396 | 462 | 528 | 594 | 660 | 726 |
| 34 | 272 | 340 | 408 | 476 | 544 | 612 | 680 | 748 |
| 35 | 280 | 350 | 420 | 490 | 560 | 630 | 700 | 770 |
| 36 | 288 | 360 | 432 | 504 | 576 | 648 | 720 | 792 |
| 37 | 296 | 370 | 444 | 518 | 592 | 666 | 740 | 814 |
| 38 | 304 | 380 | 456 | 532 | 608 | 684 | 760 | 836 |
| 39 | 312 | 390 | 468 | 546 | 624 | 702 | 780 | 858 |
| 40 | 320 | 400 | 480 | 560 | 640 | 720 | 800 | 880 |
| 41 | 328 | 410 | 492 | 574 | 656 | 738 | 820 | 902 |
| 42 | 336 | 420 | 504 | 588 | 672 | 756 | 840 | 924 |
| 43 | 344 | 430 | 516 | 602 | 688 | 774 | 860 | 946 |
| 44 | 352 | 440 | 528 | 616 | 704 | 792 | 880 | 968 |
| 45 | 360 | 450 | 540 | 630 | 720 | 810 | 900 | 990 |
| 46 | 368 | 460 | 552 | 644 | 736 | 828 | 920 | 1012 |
| 47 | 376 | 470 | 564 | 658 | 752 | 846 | 940 | 1034 |
| 48 | 384 | 480 | 576 | 672 | 768 | 864 | 960 | 1056 |
| 49 | 392 | 490 | 588 | 686 | 784 | 882 | 980 | 1078 |
| 50 | 400 | 500 | 600 | 700 | 800 | 900 | 1000 | 1100 |

## 1" x 12"

| Pcs. | 8 Ft. | 10 Ft. | 12 Ft. | 14 Ft. | 16 Ft. | 18 Ft. | 20 Ft. | 22 Ft. |
|---|---|---|---|---|---|---|---|---|
| 51 | 408 | 510 | 612 | 714 | 816 | 918 | 1020 | 1122 |
| 52 | 416 | 520 | 624 | 728 | 832 | 936 | 1040 | 1144 |
| 53 | 424 | 530 | 636 | 742 | 848 | 954 | 1060 | 1166 |
| 54 | 432 | 540 | 648 | 756 | 864 | 972 | 1080 | 1188 |
| 55 | 440 | 550 | 660 | 770 | 880 | 990 | 1100 | 1210 |
| 56 | 448 | 560 | 672 | 784 | 896 | 1008 | 1120 | 1232 |
| 57 | 456 | 570 | 684 | 798 | 912 | 1026 | 1140 | 1254 |
| 58 | 464 | 580 | 696 | 812 | 928 | 1044 | 1160 | 1276 |
| 59 | 472 | 590 | 708 | 826 | 944 | 1062 | 1180 | 1298 |
| 60 | 480 | 600 | 720 | 840 | 960 | 1080 | 1200 | 1320 |
| 61 | 488 | 610 | 732 | 854 | 976 | 1098 | 1220 | 1342 |
| 62 | 496 | 620 | 744 | 868 | 992 | 1116 | 1240 | 1364 |
| 63 | 504 | 630 | 756 | 882 | 1008 | 1134 | 1260 | 1386 |
| 64 | 512 | 640 | 768 | 896 | 1024 | 1152 | 1280 | 1408 |
| 65 | 520 | 650 | 780 | 910 | 1040 | 1170 | 1300 | 1430 |
| 66 | 528 | 660 | 792 | 924 | 1056 | 1188 | 1320 | 1452 |
| 67 | 536 | 670 | 804 | 938 | 1072 | 1206 | 1340 | 1474 |
| 68 | 544 | 680 | 816 | 952 | 1088 | 1224 | 1360 | 1496 |
| 69 | 552 | 690 | 828 | 966 | 1104 | 1242 | 1380 | 1518 |
| 70 | 560 | 700 | 840 | 980 | 1120 | 1260 | 1400 | 1540 |
| 71 | 568 | 710 | 852 | 994 | 1136 | 1278 | 1420 | 1562 |
| 72 | 576 | 720 | 864 | 1008 | 1152 | 1296 | 1440 | 1584 |
| 73 | 584 | 730 | 876 | 1022 | 1168 | 1314 | 1460 | 1606 |
| 74 | 592 | 740 | 888 | 1036 | 1184 | 1332 | 1480 | 1628 |
| 75 | 600 | 750 | 900 | 1050 | 1200 | 1350 | 1500 | 1650 |
| 76 | 608 | 760 | 912 | 1064 | 1216 | 1368 | 1520 | 1672 |
| 77 | 616 | 770 | 924 | 1078 | 1232 | 1386 | 1540 | 1694 |
| 78 | 624 | 780 | 936 | 1092 | 1248 | 1404 | 1560 | 1716 |
| 79 | 632 | 790 | 948 | 1106 | 1264 | 1422 | 1580 | 1738 |
| 80 | 640 | 800 | 960 | 1120 | 1280 | 1440 | 1600 | 1760 |
| 81 | 648 | 810 | 972 | 1134 | 1296 | 1458 | 1620 | 1782 |
| 82 | 656 | 820 | 984 | 1148 | 1312 | 1476 | 1640 | 1804 |
| 83 | 664 | 830 | 996 | 1162 | 1328 | 1494 | 1660 | 1826 |
| 84 | 672 | 840 | 1008 | 1176 | 1344 | 1512 | 1680 | 1848 |
| 85 | 680 | 850 | 1020 | 1190 | 1360 | 1530 | 1700 | 1870 |
| 86 | 688 | 860 | 1032 | 1204 | 1376 | 1548 | 1720 | 1892 |
| 87 | 696 | 870 | 1044 | 1218 | 1392 | 1566 | 1740 | 1914 |
| 88 | 704 | 880 | 1056 | 1232 | 1408 | 1584 | 1760 | 1936 |
| 89 | 712 | 890 | 1068 | 1246 | 1424 | 1602 | 1780 | 1958 |
| 90 | 720 | 900 | 1080 | 1260 | 1440 | 1620 | 1800 | 1980 |
| 91 | 728 | 910 | 1092 | 1274 | 1456 | 1638 | 1820 | 2002 |
| 92 | 736 | 920 | 1104 | 1288 | 1472 | 1656 | 1840 | 2024 |
| 93 | 744 | 930 | 1116 | 1302 | 1488 | 1674 | 1860 | 2046 |
| 94 | 952 | 940 | 1128 | 1316 | 1504 | 1692 | 1880 | 2068 |
| 95 | 760 | 950 | 1140 | 1330 | 1520 | 1710 | 1900 | 2090 |
| 96 | 768 | 960 | 1152 | 1344 | 1536 | 1728 | 1920 | 2112 |
| 97 | 776 | 970 | 1164 | 1358 | 1552 | 1746 | 1940 | 2134 |
| 98 | 784 | 980 | 1176 | 1372 | 1568 | 1764 | 1960 | 2156 |
| 99 | 792 | 990 | 1188 | 1386 | 1584 | 1782 | 1980 | 2178 |
| 100 | 800 | 1000 | 1200 | 1400 | 1600 | 1800 | 2000 | 2200 |

1" x 12"

| Pcs. | 8 Ft. | 10 Ft. | 12 Ft. | 14 Ft. | 16 Ft. | 18 Ft. | 20 Ft. | 22 Ft. |
|---|---|---|---|---|---|---|---|---|
| 200 | 1600 | 2000 | 2400 | 2800 | 3200 | 3600 | 4000 | 4400 |
| 300 | 2400 | 3000 | 3600 | 4200 | 4800 | 5400 | 6000 | 6600 |
| 400 | 3200 | 4000 | 4800 | 5600 | 6400 | 7200 | 8000 | 8800 |
| 500 | 4000 | 5000 | 6000 | 7000 | 8000 | 9000 | 10000 | 11000 |
| 600 | 4800 | 6000 | 7200 | 8400 | 9600 | 10800 | 12000 | 13200 |
| 700 | 5600 | 7000 | 8400 | 9800 | 11200 | 12600 | 14000 | 15400 |
| 800 | 6400 | 8000 | 9600 | 11200 | 12800 | 14400 | 16000 | 17600 |
| 900 | 7200 | 9000 | 10800 | 12600 | 14400 | 16200 | 18000 | 19800 |
| 1000 | 8000 | 10000 | 12000 | 14000 | 16000 | 18000 | 20000 | 22000 |

1" x 14"

| Pcs. | 8 Ft. | 10 Ft. | 12 Ft. | 14 Ft. | 16 Ft. | 18 Ft. | 20 Ft. |
|---|---|---|---|---|---|---|---|
| 1 | 9.3 | 11.7 | 14. | 16.3 | 18.7 | 21. | 23.3 |
| 2 | 18.7 | 23.3 | 28. | 32.7 | 37.3 | 42. | 46.7 |
| 3 | 28. | 35. | 42. | 49. | 56. | 63. | 70. |
| 4 | 37.3 | 46.7 | 56. | 65.3 | 74.7 | 84. | 93.3 |
| 5 | 46.7 | 58.3 | 70. | 81.7 | 93.3 | 105. | 116.7 |
| 6 | 56. | 70. | 84. | 98. | 112. | 126. | 140. |
| 7 | 65.3 | 81.7 | 98. | 114.3 | 130.7 | 147. | 163.3 |
| 8 | 74.7 | 93.3 | 112. | 130.7 | 149.3 | 168. | 186.7 |
| 9 | 84. | 105. | 126. | 147. | 168. | 189. | 210. |
| 10 | 93.3 | 116.7 | 140. | 163.3 | 186.7 | 210. | 233.3 |
| 11 | 102.7 | 128.3 | 154. | 179.7 | 205.3 | 231. | 256.7 |
| 12 | 112. | 140. | 168. | 196. | 224. | 252. | 280. |
| 13 | 121.3 | 151.7 | 182. | 212.3 | 242.7 | 273. | 303.3 |
| 14 | 130.7 | 163.3 | 196. | 228.7 | 261.3 | 294. | 326.7 |
| 15 | 140. | 175. | 210. | 245. | 280. | 315. | 350. |
| 16 | 149.3 | 186.7 | 224. | 261.3 | 298.7 | 336. | 373.3 |
| 17 | 158.7 | 198.3 | 238. | 277.7 | 317.3 | 357. | 396.7 |
| 18 | 168. | 210. | 252. | 294. | 336. | 378. | 420. |
| 19 | 177.3 | 221.7 | 266. | 310.3 | 354.7 | 399. | 443.3 |
| 20 | 186.7 | 233.3 | 280. | 326.7 | 373.3 | 420. | 466.7 |
| 21 | 196. | 245. | 294. | 343. | 392. | 441. | 490. |
| 22 | 205.3 | 256.7 | 308. | 359.3 | 410.7 | 462. | 513.3 |
| 23 | 214.7 | 268.3 | 322. | 375.7 | 429.3 | 483. | 536.7 |
| 24 | 224. | 280. | 336. | 392. | 448. | 504. | 560. |
| 25 | 233.3 | 291.7 | 350. | 408.3 | 466.7 | 525. | 583.3 |
| 26 | 242.7 | 303.3 | 364. | 424.7 | 485.3 | 546. | 606.7 |
| 27 | 252. | 315. | 378. | 441. | 504. | 567. | 630. |
| 28 | 261.3 | 326.7 | 392. | 457.3 | 522.7 | 588. | 653.3 |
| 29 | 270.7 | 338.3 | 406. | 473.7 | 541.3 | 609. | 676.7 |
| 30 | 280. | 350. | 420. | 490. | 560. | 630. | 700. |
| 31 | 289.3 | 361.7 | 434. | 506.3 | 578.7 | 651. | 723.3 |
| 32 | 298.7 | 373.3 | 448. | 522.7 | 597.3 | 672. | 746.7 |
| 33 | 308. | 385. | 462. | 539. | 616. | 693. | 770. |
| 34 | 317.3 | 396.7 | 476. | 555.3 | 634.7 | 714. | 793.3 |
| 35 | 326.7 | 408.3 | 490. | 571.7 | 653.3 | 735. | 816.7 |
| 36 | 336. | 420. | 504. | 588. | 672. | 756. | 840. |
| 37 | 345.3 | 431.7 | 518. | 604.3 | 690.7 | 777. | 863.3 |
| 38 | 354.7 | 443.3 | 532. | 620.7 | 709.3 | 798. | 886.7 |
| 39 | 364. | 455. | 546. | 637. | 728. | 819. | 910. |
| 40 | 373.3 | 466.7 | 560. | 653.3 | 746.7 | 840. | 933.3 |
| 41 | 382.7 | 478.3 | 574. | 669.7 | 765.3 | 861. | 956.7 |
| 42 | 392. | 490. | 588. | 686. | 784. | 882. | 980. |
| 43 | 401.3 | 501.7 | 602. | 702.3 | 802.7 | 903. | 1003.3 |
| 44 | 410.7 | 513.3 | 616. | 718.7 | 821.3 | 924. | 1026.7 |
| 45 | 420. | 525. | 630. | 735. | 840. | 945. | 1050. |
| 46 | 429.3 | 536.7 | 644. | 751.3 | 858.7 | 966. | 1073.3 |
| 47 | 438.7 | 548.3 | 658. | 767.7 | 877.3 | 987. | 1096.7 |
| 48 | 448. | 560. | 672. | 784. | 896. | 1008. | 1120. |
| 49 | 457.3 | 571.7 | 686. | 800.3 | 914.7 | 1029. | 1143.3 |
| 50 | 466.7 | 583.3 | 700. | 816.7 | 933.3 | 1050. | 1166.7 |

1" x 14"

| Pcs. | 8 Ft. | 10 Ft. | 12 Ft. | 14 Ft. | 16 Ft. | 18 Ft. | 20 Ft. |
|---|---|---|---|---|---|---|---|
| 51 | 476. | 595. | 714. | 833. | 952. | 1071. | 1190. |
| 52 | 485.3 | 606.7 | 728. | 849.3 | 970.7 | 1092. | 1213.3 |
| 53 | 494.7 | 618.3 | 742. | 865.7 | 989.3 | 1113. | 1236.7 |
| 54 | 504. | 630. | 756. | 882. | 1008. | 1134. | 1260. |
| 55 | 513.3 | 641.7 | 770. | 898.3 | 1026.7 | 1155. | 1283.3 |
| 56 | 522.7 | 653.3 | 784. | 914.7 | 1045.3 | 1176. | 1306.7 |
| 57 | 532. | 665. | 798. | 931. | 1064. | 1197. | 1330. |
| 58 | 541.3 | 676.7 | 812. | 947.3 | 1082.7 | 1218. | 1353.3 |
| 59 | 550.7 | 688.3 | 826. | 963.7 | 1101.3 | 1239. | 1376.7 |
| 60 | 560. | 700. | 840. | 980. | 1120. | 1260. | 1400. |
| 61 | 569.3 | 711.7 | 854. | 996.3 | 1138.7 | 1281. | 1423.3 |
| 62 | 578.7 | 723.3 | 868. | 1012.7 | 1157.3 | 1302. | 1446.7 |
| 63 | 588. | 735. | 882. | 1029. | 1176. | 1323. | 1470. |
| 64 | 597.3 | 746.7 | 896. | 1045.3 | 1194.7 | 1344. | 1493.3 |
| 65 | 606.7 | 758.3 | 910. | 1061.7 | 1213.7 | 1365. | 1516.7 |
| 66 | 616. | 770. | 924. | 1078. | 1232. | 1386. | 1540. |
| 67 | 625.3 | 781.7 | 938. | 1094.3 | 1250.7 | 1407. | 1563.3 |
| 68 | 634.7 | 793.3 | 952. | 1110.7 | 1269.3 | 1428. | 1586.7 |
| 69 | 644. | 805. | 966. | 1127. | 1288. | 1449. | 1610. |
| 70 | 653.3 | 816.7 | 980. | 1143.3 | 1306.7 | 1470. | 1633.3 |
| 71 | 662.7 | 828.3 | 994. | 1159.7 | 1325.3 | 1491. | 1656.7 |
| 72 | 672. | 840. | 1008. | 1176. | 1344. | 1512. | 1680. |
| 73 | 681.3 | 851.7 | 1022. | 1192.2 | 1362.7 | 1533. | 1703.3 |
| 74 | 690.7 | 863.3 | 1036. | 1208.7 | 1381.3 | 1554. | 1726.7 |
| 75 | 700. | 875. | 1050. | 1225. | 1400. | 1575. | 1750. |
| 76 | 709.3 | 886.7 | 1064. | 1241.3 | 1418.7 | 1596. | 1773.3 |
| 77 | 718.7 | 898.3 | 1078. | 1257.7 | 1437.3 | 1617. | 1796.7 |
| 78 | 728. | 910. | 1092. | 1274. | 1456. | 1638. | 1820. |
| 79 | 737.3 | 921.7 | 1106. | 1290.3 | 1474.7 | 1659. | 1843.3 |
| 80 | 746.7 | 933.3 | 1120. | 1306.7 | 1493.3 | 1680. | 1866.7 |
| 81 | 756. | 945. | 1134. | 1323. | 1512. | 1701. | 1890. |
| 82 | 765.3 | 956.7 | 1148. | 1339.3 | 1530.7 | 1722. | 1913.3 |
| 83 | 774.7 | 968.3 | 1162. | 1355.7 | 1549.3 | 1743. | 1936.7 |
| 84 | 784. | 980. | 1176. | 1372. | 1568. | 1764. | 1960. |
| 85 | 793.3 | 991.7 | 1190. | 1388.3 | 1586.7 | 1785. | 1983.3 |
| 86 | 802.7 | 1003.3 | 1204. | 1404.7 | 1605.3 | 1806. | 2006.7 |
| 87 | 812. | 1015. | 1218. | 1421. | 1624. | 1827. | 2030. |
| 88 | 821.3 | 1026.7 | 1232. | 1437.3 | 1642.7 | 1848. | 2053.3 |
| 89 | 830.7 | 1038.3 | 1246. | 1453.7 | 1661.3 | 1869. | 2076.7 |
| 90 | 840. | 1050. | 1260. | 1470. | 1680. | 1890. | 2100. |
| 91 | 849.3 | 1061.7 | 1274. | 1486.3 | 1698.7 | 1911. | 2123.3 |
| 92 | 858.7 | 1073.3 | 1288. | 1502.7 | 1717.3 | 1932. | 2146.7 |
| 93 | 868. | 1085. | 1302. | 1519. | 1736. | 1953. | 2170. |
| 94 | 877.3 | 1096.7 | 1316. | 1535.3 | 1754.7 | 1974. | 2193.3 |
| 95 | 886.7 | 1108.3 | 1330. | 1551.7 | 1773.3 | 1995. | 2216.7 |
| 96 | 896. | 1120. | 1344. | 1568. | 1792. | 2016. | 2240. |
| 97 | 905.3 | 1131.7 | 1358. | 1584.3 | 1810.7 | 2037. | 2263.3 |
| 98 | 914.7 | 1143.7 | 1372. | 1600.7 | 1829.3 | 2058. | 2286.7 |
| 99 | 924. | 1155. | 1386. | 1617. | 1848. | 2079. | 2310. |
| 100 | 933.3 | 1166.7 | 1400. | 1633.3 | 1866.7 | 2100. | 2333.3 |

## 1" x 14"

| Pcs. | 8 Ft. | 10 Ft. | 12 Ft. | 14 Ft. | 16 Ft. | 18 Ft. | 20 Ft. |
|---|---|---|---|---|---|---|---|
| 200 | 1866.7 | 2333.3 | 2800. | 3266.7 | 3733.3 | 4200. | 4666.7 |
| 300 | 2800. | 3500. | 4200. | 4900. | 5600. | 6300. | 7000. |
| 400 | 3733.3 | 4666.7 | 5600. | 6533.3 | 7466.7 | 8400. | 9333.3 |
| 500 | 4666.7 | 5833.3 | 7000. | 8166.7 | 9333.3 | 10500. | 11666.7 |
| 600 | 5600. | 7000. | 8400. | 9800. | 11200. | 12600. | 14000. |
| 700 | 6533.3 | 8166.7 | 9800. | 11433.3 | 13066.7 | 14700. | 16333.3 |
| 800 | 7466.7 | 9333.3 | 11200. | 13066.7 | 14933.3 | 16800. | 18666.7 |
| 900 | 8400. | 10500. | 12600. | 14700. | 16800. | 18900. | 21000. |
| 1000 | 9333.3 | 11666.7 | 14000. | 16333.3 | 18666.7 | 21000. | 23333.3 |

1" x 16"

| Pcs. | 8 Ft. | 10 Ft. | 12 Ft. | 14 Ft. | 16 Ft. | 18 Ft. | 20 Ft. | 22 Ft. |
|---|---|---|---|---|---|---|---|---|
| 1 | 10.7 | 13.3 | 16. | 18.7 | 21.3 | 24. | 26.7 | 29.3 |
| 2 | 21.3 | 26.7 | 32. | 37.3 | 42.7 | 48. | 53.3 | 58.7 |
| 3 | 32. | 40. | 48. | 56. | 64. | 72. | 80. | 88. |
| 4 | 42.7 | 53.3 | 64. | 74.7 | 85.3 | 96. | 106.7 | 117.3 |
| 5 | 53.3 | 66.7 | 80. | 93.3 | 106.7 | 120. | 133.3 | 146.7 |
| 6 | 64. | 80. | 96. | 112. | 128. | 144. | 160. | 176. |
| 7 | 74.7 | 93.3 | 112. | 130.7 | 149.3 | 168. | 186.7 | 205.3 |
| 8 | 85.3 | 106.7 | 128. | 149.3 | 170.7 | 192. | 213.3 | 234.7 |
| 9 | 96. | 120. | 144. | 168. | 192. | 216. | 240. | 264. |
| 10 | 106.7 | 133.3 | 160. | 186.7 | 213.3 | 240. | 266.7 | 293.3 |
| 11 | 117.3 | 146.7 | 176. | 205.3 | 234.7 | 264. | 293.3 | 322.7 |
| 12 | 128. | 160. | 192. | 224. | 256. | 288. | 320. | 352. |
| 13 | 138.7 | 173.3 | 208. | 242.7 | 277.3 | 312. | 346.7 | 381.3 |
| 14 | 149.3 | 186.7 | 224. | 261.3 | 298.7 | 336. | 373.3 | 410.7 |
| 15 | 160. | 200. | 240. | 280. | 320. | 360. | 400. | 440. |
| 16 | 170.7 | 213.3 | 256. | 298.7 | 341.3 | 384. | 426.7 | 469.3 |
| 17 | 181.3 | 226.7 | 272. | 317.3 | 362.7 | 408. | 453.3 | 498.7 |
| 18 | 192. | 240. | 288. | 336. | 384. | 432. | 480. | 528. |
| 19 | 202.7 | 253.3 | 304. | 354.7 | 405.3 | 456. | 506.7 | 557.3 |
| 20 | 213.3 | 266.7 | 320. | 373.3 | 426.7 | 480. | 533.3 | 586.7 |
| 21 | 224. | 280. | 336. | 392. | 448. | 504. | 560. | 616. |
| 22 | 234.7 | 293.3 | 352. | 410.7 | 469.3 | 528. | 586.7 | 645.3 |
| 23 | 245.3 | 306.7 | 368. | 429.3 | 490.7 | 552. | 613.3 | 674.7 |
| 24 | 256. | 320. | 384. | 448. | 512. | 576. | 640. | 704. |
| 25 | 266.7 | 333.3 | 400. | 466.7 | 533.3 | 600. | 666.7 | 733.3 |
| 26 | 277.3 | 346.7 | 416. | 485.3 | 554.7 | 624. | 693.3 | 762.7 |
| 27 | 288. | 360. | 432. | 504. | 576. | 648. | 720. | 792. |
| 28 | 298.7 | 373.3 | 448. | 522.7 | 597.3 | 672. | 746.7 | 821.3 |
| 29 | 309.3 | 386.7 | 464. | 541.3 | 618.7 | 696. | 773.3 | 850.7 |
| 30 | 320. | 400. | 480. | 560. | 640. | 720. | 800. | 880. |
| 31 | 330.7 | 413.3 | 496. | 578.7 | 661.3 | 744. | 826.7 | 909.3 |
| 32 | 341.3 | 426.7 | 512. | 597.3 | 682.7 | 768. | 853.3 | 938.7 |
| 33 | 352. | 440. | 528. | 616. | 704. | 792. | 880. | 968. |
| 34. | 362.7 | 453.3 | 544. | 634.7 | 725.3 | 816. | 906.7 | 997.3 |
| 35 | 373.3 | 466.7 | 560. | 653.3 | 746.7 | 840. | 933.3 | 1026.7 |
| 36 | 384. | 480. | 576. | 672. | 768. | 864. | 960. | 1056. |
| 37 | 394.7 | 493.3 | 592. | 690.7 | 789.3 | 888. | 986.7 | 1085.3 |
| 38 | 405.3 | 506.7 | 608. | 709.3 | 810.7 | 912. | 1013.3 | 1114.7 |
| 39 | 416. | 520. | 624. | 728. | 832. | 936. | 1040. | 1144. |
| 40 | 426.7 | 533.3 | 640. | 746.7 | 853.3 | 960. | 1066.7 | 1173.3 |
| 41 | 437.3 | 546.7 | 656. | 765.3 | 874.7 | 984. | 1093.3 | 1202.7 |
| 42 | 448. | 560. | 672. | 784. | 896. | 1008. | 1120. | 1232. |
| 43 | 458.7 | 573.3 | 688. | 802.7 | 917.3 | 1032. | 1146.7 | 1261.3 |
| 44 | 469.3 | 586.7 | 704. | 821.3 | 938.7 | 1056. | 1173.3 | 1290.7 |
| 45 | 480. | 600. | 720. | 840. | 960. | 1080. | 1200. | 1320. |
| 46 | 490.7 | 613.3 | 736. | 858.7 | 981.3 | 1104. | 1226.7 | 1349.3 |
| 47 | 501.3 | 626.7 | 752. | 877.3 | 1002.7 | 1128. | 1253.3 | 1378.7 |
| 48 | 512. | 640. | 768. | 896. | 1024. | 1152. | 1280. | 1408. |
| 49 | 522.7 | 653.3 | 784. | 914.7 | 1045.3 | 1176. | 1306.7 | 1437.3 |
| 50 | 533.3 | 666.7 | 800. | 933.3 | 1066.7 | 1200. | 1333.3 | 1466.7 |

1" x 16"

| Pcs. | 8 Ft. | 10 Ft. | 12 Ft. | 14 Ft. | 16 Ft. | 18 Ft. | 20 Ft. | 22 Ft. |
|---|---|---|---|---|---|---|---|---|
| 51 | 544. | 680. | 816. | 952. | 1088. | 1224. | 1360. | 1496. |
| 52 | 554.7 | 693.3 | 832. | 970.7 | 1109.3 | 1248. | 1386.7 | 1525.3 |
| 53 | 565.3 | 706.7 | 848. | 989.3 | 1130.7 | 1272. | 1413.3 | 1554.7 |
| 54 | 576. | 720. | 864. | 1008. | 1152. | 1296. | 1440. | 1584. |
| 55 | 586.7 | 733.3 | 880. | 1026.7 | 1173.3 | 1320. | 1466.7 | 1613.3 |
| 56 | 597.3 | 746.7 | 896. | 1045.3 | 1194.7 | 1344. | 1493.3 | 1642.7 |
| 57 | 608. | 760. | 912. | 1064. | 1216. | 1368. | 1520. | 1672. |
| 58 | 618.7 | 773.3 | 928. | 1082.7 | 1237.3 | 1392. | 1546.7 | 1701.3 |
| 59 | 629.3 | 786.7 | 944. | 1101.3 | 1258.7 | 1416. | 1573.3 | 1730.7 |
| 60 | 640. | 800. | 960. | 1120. | 1280. | 1440. | 1600. | 1760. |
| 61 | 650.7 | 813.3 | 976. | 1138.7 | 1301.3 | 1464. | 1626.7 | 1789.3 |
| 62 | 661.3 | 826.7 | 992. | 1157.3 | 1322.7 | 1488. | 1653.3 | 1818.7 |
| 63 | 672. | 840. | 1008. | 1176. | 1344. | 1512. | 1680. | 1848. |
| 64 | 682.7 | 853.3 | 1024. | 1194.7 | 1365.3 | 1536. | 1706.7 | 1877.3 |
| 65 | 693.3 | 866.7 | 1040. | 1213.3 | 1386.7 | 1560. | 1733.3 | 1906.7 |
| 66 | 704. | 880. | 1056. | 1232. | 1408. | 1584. | 1760. | 1936. |
| 67 | 714.7 | 893.3 | 1072. | 1250.7 | 1429.3 | 1608. | 1786.7 | 1965.3 |
| 68 | 725.3 | 906.7 | 1088. | 1269.3 | 1450.7 | 1632. | 1813.3 | 1994.7 |
| 69 | 736. | 920. | 1104. | 1288. | 1472. | 1656. | 1840. | 2024. |
| 70 | 746.7 | 933.3 | 1120. | 1306.7 | 1493.3 | 1680. | 1866.7 | 2053.3 |
| 71 | 757.3 | 946.7 | 1136. | 1325.3 | 1514.7 | 1704. | 1893.3 | 2082.7 |
| 72 | 768. | 960. | 1152. | 1344. | 1536. | 1728. | 1920. | 2112. |
| 73 | 778.7 | 973.3 | 1168. | 1362.7 | 1557.3 | 1752. | 1946.7 | 2141.3 |
| 74 | 789.3 | 986.7 | 1184. | 1381.3 | 1578.7 | 1776. | 1973.3 | 2170.7 |
| 75 | 800. | 1000. | 1200. | 1400. | 1600. | 1800. | 2000. | 2200. |
| 76 | 810.7 | 1013.3 | 1216. | 1418.7 | 1621.3 | 1824. | 2026.7 | 2229.3 |
| 77 | 821.3 | 1026.7 | 1232. | 1437.3 | 1642.7 | 1848. | 2053.3 | 2258.7 |
| 78 | 832. | 1040. | 1248. | 1456. | 1664. | 1872. | 2080. | 2288. |
| 79 | 842.7 | 1053.3 | 1264. | 1474.7 | 1685.3 | 1896. | 2106.7 | 2317.3 |
| 80 | 853.3 | 1066.7 | 1280. | 1493.3 | 1706.7 | 1920. | 2133.3 | 2346.7 |
| 81 | 864. | 1080. | 1296. | 1512. | 1728. | 1944. | 2160. | 2376. |
| 82 | 874.7 | 1093.3 | 1312. | 1530.7 | 1749.3 | 1968. | 2186.7 | 2405.3 |
| 83 | 885.3 | 1106.7 | 1328. | 1549.3 | 1770.7 | 1992. | 2213.3 | 2434.7 |
| 84 | 896. | 1120. | 1344. | 1568. | 1792. | 2016. | 2240. | 2464. |
| 85 | 906.7 | 1133.3 | 1360. | 1586.7 | 1813.3 | 2040. | 2266.7 | 2493.3 |
| 86 | 917.3 | 1146.7 | 1376. | 1605.3 | 1834.7 | 2064. | 2293.3 | 2522.7 |
| 87 | 928. | 1160. | 1392. | 1624. | 1856. | 2088. | 2320. | 2552. |
| 88 | 938.7 | 1173.3 | 1408. | 1642.7 | 1877.3 | 2112. | 2346.7 | 2581.3 |
| 89 | 949.3 | 1186.7 | 1424. | 1661.3 | 1898.7 | 2136. | 2373.3 | 2610.7 |
| 90 | 960. | 1200. | 1440. | 1680. | 1920. | 2160. | 2400. | 2640. |
| 91 | 970.7 | 1213.3 | 1456. | 1698.7 | 1941.3 | 2184. | 2426.7 | 2669.3 |
| 92 | 981.3 | 1226.7 | 1472. | 1717.3 | 1962.7 | 2208. | 2453.3 | 2698.7 |
| 93 | 992. | 1240. | 1488. | 1736. | 1984. | 2232. | 2480. | 2728. |
| 94 | 1002.7 | 1253.3 | 1504. | 1754.7 | 2005.3 | 2256. | 2506.7 | 2757.3 |
| 95 | 1013.3 | 1266.7 | 1520. | 1773.3 | 2026.7 | 2280. | 2533.3 | 2786.7 |
| 96 | 1024. | 1280. | 1536. | 1792. | 2048. | 2304. | 2560. | 2816. |
| 97 | 1034.7 | 1293.3 | 1552. | 1810.7 | 2069.3 | 2328. | 2586.7 | 2845.3 |
| 98 | 1045.3 | 1306.7 | 1568. | 1829.3 | 2090.7 | 2352. | 2613.3 | 2874.7 |
| 99 | 1056. | 1320. | 1584. | 1848. | 2112. | 2376. | 2640. | 2904. |
| 100 | 1066.7 | 1333.3 | 1600. | 1866.7 | 2133.3 | 2400. | 2666.7 | 2933.3 |

1" x 16"

| Pcs. | 8 Ft. | 10 Ft. | 12 Ft. | 14 Ft. | 16 Ft. | 18 Ft. | 20 Ft. | 22 Ft. |
|---|---|---|---|---|---|---|---|---|
| 200 | 2133.3 | 2666.7 | 3200. | 3733.3 | 4266.7 | 4800. | 5333.3 | 5866.7 |
| 300 | 3200. | 4000. | 4800. | 5600. | 6400. | 7200. | 8000. | 8800. |
| 400 | 4266.7 | 5333.3 | 6400. | 7466.7 | 8533.3 | 9600. | 10666.7 | 11733.3 |
| 500 | 5333.3 | 6666.7 | 8000. | 9333.3 | 10666.7 | 12000. | 13333.3 | 14666.7 |
| 600 | 6400. | 8000. | 9600. | 11200. | 12800. | 14400. | 16000. | 17600. |
| 700 | 7466.7 | 9333.3 | 11200. | 13066.7 | 14933.3 | 16800. | 18666.7 | 20533.3 |
| 800 | 8533.3 | 10666.7 | 12800. | 14933.3 | 17066.7 | 19200. | 21333.3 | 23466.7 |
| 900 | 9600. | 12000. | 14400. | 16800. | 19200. | 21600. | 24000. | 26400. |
| 1000 | 10666.7 | 13333.3 | 16000. | 18666.7 | 21333.3 | 24000. | 26666.7 | 29333.3 |

## 1" x 18"

| Pcs. | 8 Ft. | 10 Ft. | 12 Ft. | 14 Ft. | 16 Ft. | 18 Ft. | 20 Ft. | 22 Ft. |
|---|---|---|---|---|---|---|---|---|
| 1 | 12 | 15 | 18 | 21 | 24 | 27 | 30 | 33 |
| 2 | 24 | 30 | 36 | 42 | 48 | 54 | 60 | 66 |
| 3 | 36 | 45 | 54 | 63 | 72 | 81 | 90 | 99 |
| 4 | 48 | 60 | 72 | 84 | 96 | 108 | 120 | 132 |
| 5 | 60 | 75 | 90 | 105 | 120 | 135 | 150 | 165 |
| 6 | 72 | 90 | 108 | 126 | 144 | 162 | 180 | 198 |
| 7 | 84 | 105 | 126 | 147 | 168 | 189 | 210 | 231 |
| 8 | 96 | 120 | 144 | 168 | 192 | 216 | 240 | 264 |
| 9 | 108 | 135 | 162 | 189 | 216 | 243 | 270 | 297 |
| 10 | 120 | 150 | 180 | 210 | 240 | 270 | 300 | 330 |
| 11 | 132 | 165 | 198 | 231 | 264 | 297 | 330 | 363 |
| 12 | 144 | 180 | 216 | 252 | 288 | 324 | 360 | 396 |
| 13 | 156 | 195 | 234 | 273 | 312 | 351 | 390 | 429 |
| 14 | 168 | 210 | 252 | 294 | 336 | 378 | 420 | 462 |
| 15 | 180 | 225 | 270 | 315 | 360 | 405 | 450 | 495 |
| 16 | 192 | 240 | 288 | 336 | 384 | 432 | 480 | 528 |
| 17 | 204 | 255 | 306 | 357 | 408 | 459 | 510 | 561 |
| 18 | 216 | 270 | 324 | 378 | 432 | 486 | 540 | 594 |
| 19 | 228 | 285 | 342 | 399 | 456 | 513 | 570 | 627 |
| 20 | 240 | 300 | 360 | 420 | 480 | 540 | 600 | 660 |
| 21 | 252 | 315 | 378 | 441 | 504 | 567 | 630 | 693 |
| 22 | 264 | 330 | 396 | 462 | 528 | 594 | 660 | 726 |
| 23 | 276 | 345 | 414 | 483 | 552 | 621 | 690 | 759 |
| 24 | 288 | 360 | 432 | 504 | 576 | 648 | 720 | 792 |
| 25 | 300 | 375 | 450 | 525 | 600 | 675 | 750 | 825 |
| 26 | 312 | 390 | 468 | 546 | 624 | 702 | 780 | 858 |
| 27 | 324 | 405 | 486 | 567 | 648 | 729 | 810 | 891 |
| 28 | 336 | 420 | 504 | 588 | 672 | 756 | 840 | 924 |
| 29 | 348 | 435 | 522 | 609 | 696 | 783 | 870 | 957 |
| 30 | 360 | 450 | 540 | 630 | 720 | 810 | 900 | 990 |
| 31 | 372 | 465 | 558 | 651 | 744 | 837 | 930 | 1023 |
| 32 | 384 | 480 | 576 | 672 | 768 | 864 | 960 | 1056 |
| 33 | 396 | 495 | 594 | 693 | 792 | 891 | 990 | 1089 |
| 34 | 408 | 510 | 612 | 714 | 816 | 918 | 1020 | 1122 |
| 35 | 420 | 525 | 630 | 735 | 840 | 945 | 1050 | 1155 |
| 36 | 432 | 540 | 648 | 756 | 864 | 972 | 1080 | 1188 |
| 37 | 444 | 555 | 666 | 777 | 888 | 999 | 1110 | 1221 |
| 38 | 456 | 570 | 684 | 798 | 912 | 1026 | 1140 | 1254 |
| 39 | 468 | 585 | 702 | 819 | 936 | 1053 | 1170 | 1287 |
| 40 | 480 | 600 | 720 | 840 | 960 | 1080 | 1200 | 1320 |
| 41 | 492 | 615 | 738 | 861 | 984 | 1107 | 1230 | 1353 |
| 42 | 504 | 630 | 756 | 882 | 1008 | 1134 | 1260 | 1386 |
| 43 | 516 | 645 | 774 | 903 | 1032 | 1161 | 1290 | 1419 |
| 44 | 528 | 660 | 792 | 924 | 1056 | 1188 | 1320 | 1452 |
| 45 | 540 | 675 | 810 | 945 | 1080 | 1215 | 1350 | 1485 |
| 46 | 552 | 690 | 828 | 966 | 1104 | 1242 | 1380 | 1518 |
| 47 | 564 | 705 | 846 | 987 | 1128 | 1269 | 1410 | 1551 |
| 48 | 576 | 720 | 864 | 1008 | 1152 | 1296 | 1440 | 1584 |
| 49 | 588 | 735 | 882 | 1029 | 1176 | 1323 | 1470 | 1617 |
| 50 | 600 | 750 | 900 | 1050 | 1200 | 1350 | 1500 | 1650 |

## 1" x 18"

| Pcs. | 8 Ft. | 10 Ft. | 12 Ft. | 14 Ft. | 16 Ft. | 18 Ft. | 20 Ft. | 22 Ft. |
|---|---|---|---|---|---|---|---|---|
| 51 | 612 | 765 | 918 | 1071 | 1224 | 1377 | 1530 | 1683 |
| 52 | 624 | 780 | 936 | 1092 | 1248 | 1404 | 1560 | 1716 |
| 53 | 636 | 795 | 954 | 1113 | 1272 | 1431 | 1590 | 1749 |
| 54 | 648 | 810 | 972 | 1134 | 1296 | 1458 | 1620 | 1782 |
| 55 | 660 | 825 | 990 | 1155 | 1320 | 1485 | 1650 | 1815 |
| 56 | 672 | 840 | 1008 | 1176 | 1344 | 1512 | 1680 | 1848 |
| 57 | 684 | 855 | 1026 | 1197 | 1368 | 1539 | 1710 | 1881 |
| 58 | 696 | 870 | 1044 | 1218 | 1392 | 1566 | 1740 | 1914 |
| 59 | 708 | 885 | 1062 | 1239 | 1416 | 1593 | 1770 | 1947 |
| 60 | 720 | 900 | 1080 | 1260 | 1440 | 1620 | 1800 | 1980 |
| 61 | 732 | 915 | 1098 | 1281 | 1464 | 1647 | 1830 | 2013 |
| 62 | 744 | 930 | 1116 | 1302 | 1488 | 1674 | 1860 | 2046 |
| 63 | 756 | 945 | 1134 | 1323 | 1512 | 1701 | 1890 | 2079 |
| 64 | 768 | 960 | 1152 | 1344 | 1536 | 1728 | 1920 | 2112 |
| 65 | 780 | 975 | 1170 | 1365 | 1560 | 1755 | 1950 | 2145 |
| 66 | 792 | 990 | 1188 | 1386 | 1584 | 1782 | 1980 | 2178 |
| 67 | 804 | 1005 | 1206 | 1407 | 1608 | 1809 | 2010 | 2211 |
| 68 | 816 | 1020 | 1224 | 1428 | 1632 | 1836 | 2040 | 2244 |
| 69 | 828 | 1035 | 1242 | 1449 | 1656 | 1863 | 2070 | 2277 |
| 70 | 840 | 1050 | 1260 | 1470 | 1680 | 1890 | 2100 | 2310 |
| 71 | 852 | 1065 | 1278 | 1491 | 1704 | 1917 | 2130 | 2343 |
| 72 | 864 | 1080 | 1296 | 1512 | 1728 | 1944 | 2160 | 2376 |
| 73 | 876 | 1095 | 1314 | 1533 | 1752 | 1971 | 2190 | 2409 |
| 74 | 888 | 1110 | 1332 | 1554 | 1776 | 1998 | 2220 | 2442 |
| 75 | 900 | 1125 | 1350 | 1575 | 1800 | 2025 | 2250 | 2475 |
| 76 | 912 | 1140 | 1368 | 1596 | 1824 | 2052 | 2280 | 2508 |
| 77 | 924 | 1155 | 1386 | 1617 | 1848 | 2079 | 2310 | 2541 |
| 78 | 936 | 1170 | 1404 | 1638 | 1872 | 2106 | 2340 | 2574 |
| 79 | 948 | 1185 | 1422 | 1659 | 1896 | 2133 | 2370 | 2607 |
| 80 | 960 | 1200 | 1440 | 1680 | 1920 | 2160 | 2400 | 2640 |
| 81 | 972 | 1215 | 1458 | 1701 | 1944 | 2187 | 2430 | 2673 |
| 82 | 984 | 1230 | 1476 | 1722 | 1968 | 2214 | 2460 | 2706 |
| 83 | 996 | 1245 | 1494 | 1743 | 1992 | 2241 | 2490 | 2739 |
| 84 | 1008 | 1260 | 1512 | 1764 | 2016 | 2268 | 2520 | 2772 |
| 85 | 1020 | 1275 | 1530 | 1785 | 2040 | 2295 | 2550 | 2805 |
| 86 | 1032 | 1290 | 1548 | 1806 | 2064 | 2322 | 2580 | 2838 |
| 87 | 1044 | 1305 | 1566 | 1827 | 2088 | 2349 | 2610 | 2871 |
| 88 | 1056 | 1320 | 1584 | 1848 | 2112 | 2376 | 2640 | 2904 |
| 89 | 1068 | 1335 | 1602 | 1869 | 2136 | 2403 | 2670 | 2937 |
| 90 | 1080 | 1350 | 1620 | 1890 | 2160 | 2430 | 2700 | 2970 |
| 91 | 1092 | 1365 | 1638 | 1911 | 2184 | 2457 | 2730 | 3003 |
| 92 | 1104 | 1380 | 1656 | 1932 | 2208 | 2484 | 2760 | 3036 |
| 93 | 1116 | 1395 | 1674 | 1953 | 2232 | 2511 | 2790 | 3069 |
| 94 | 1128 | 1410 | 1692 | 1974 | 2256 | 2538 | 2820 | 3102 |
| 95 | 1140 | 1425 | 1710 | 1995 | 2280 | 2565 | 2850 | 3135 |
| 96 | 1152 | 1440 | 1728 | 2016 | 2304 | 2592 | 2880 | 3168 |
| 97 | 1164 | 1455 | 1746 | 2037 | 2328 | 2619 | 2910 | 3201 |
| 98 | 1176 | 1470 | 1764 | 2058 | 2352 | 2646 | 2940 | 3234 |
| 99 | 1188 | 1485 | 1782 | 2079 | 2376 | 2673 | 2970 | 3267 |
| 100 | 1200 | 1500 | 1800 | 2100 | 2400 | 2700 | 3000 | 3300 |

## 1" x 18"

| Pcs. | 8 Ft. | 10 Ft. | 12 Ft. | 14 Ft. | 16 Ft. | 18 Ft. | 20 Ft. | 22 Ft. |
|---|---|---|---|---|---|---|---|---|
| 200 | 2400 | 3000 | 3600 | 4200 | 4800 | 5400 | 6000 | 6600 |
| 300 | 3600 | 4500 | 5400 | 6300 | 7200 | 8100 | 9000 | 9900 |
| 400 | 4800 | 6000 | 7200 | 8400 | 9600 | 10800 | 12000 | 13200 |
| 500 | 6000 | 7500 | 9000 | 10500 | 12000 | 13500 | 15000 | 16500 |
| 600 | 7200 | 9000 | 10800 | 12600 | 14400 | 16200 | 18000 | 19800 |
| 700 | 8400 | 10500 | 12600 | 14700 | 16800 | 18900 | 21000 | 23100 |
| 800 | 9600 | 12000 | 14400 | 16800 | 19200 | 21600 | 24000 | 26400 |
| 900 | 10800 | 13500 | 16200 | 18900 | 21600 | 24300 | 27000 | 29700 |
| 1000 | 12000 | 15000 | 18000 | 21000 | 24000 | 27000 | 30000 | 33000 |

## 1¼" x 4"

| Pcs. | 8 Ft. | 10 Ft. | 12 Ft. | 14 Ft. | 16 Ft. | 18 Ft. | 20 Ft. |
|---|---|---|---|---|---|---|---|
| 1 | 3.3 | 4.2 | 5. | 5.8 | 6.7 | 7.5 | 8.3 |
| 2 | 6.7 | 8.3 | 10. | 11.7 | 13.3 | 15. | 16.7 |
| 3 | 10. | 12.5 | 15. | 17.5 | 20. | 22.5 | 25. |
| 4 | 13.3 | 16.7 | 20. | 23.3 | 26.7 | 30. | 33.3 |
| 5 | 16.7 | 20.8 | 25. | 29.2 | 33.3 | 37.5 | 41.7 |
| 6 | 20. | 25. | 30. | 35. | 40. | 45. | 50. |
| 7 | 23.3 | 29.2 | 35. | 40.8 | 46.7 | 52.5 | 58.3 |
| 8 | 26.7 | 33.3 | 40. | 46.7 | 53.3 | 60. | 66.7 |
| 9 | 30. | 37.5 | 45. | 52.5 | 60. | 67.5 | 75. |
| 10 | 33.3 | 41.7 | 50. | 58.3 | 66.7 | 75. | 83.3 |
| 11 | 36.7 | 45.8 | 55. | 64.2 | 73.3 | 82.5 | 91.7 |
| 12 | 40. | 50. | 60. | 70. | 80. | 90. | 100. |
| 13 | 43.3 | 54.2 | 65. | 75.8 | 86.7 | 97.5 | 108.3 |
| 14 | 46.7 | 58.3 | 70. | 81.7 | 93.3 | 105. | 116.7 |
| 15 | 50. | 62.5 | 75. | 87.5 | 100. | 112.5 | 125. |
| 16 | 53.3 | 66.7 | 80. | 93.3 | 106.7 | 120. | 133.3 |
| 17 | 56.7 | 70.8 | 85. | 99.2 | 113.3 | 127.5 | 141.7 |
| 18 | 60. | 75. | 90. | 105. | 120. | 135. | 150. |
| 19 | 63.3 | 79.2 | 95. | 110.8 | 126.7 | 142.5 | 158.3 |
| 20 | 66.7 | 83.3 | 100. | 116.7 | 133.3 | 150. | 166.7 |
| 21 | 70. | 87.5 | 105. | 122.5 | 140. | 157.5 | 175. |
| 22 | 73.3 | 91.7 | 110. | 128.3 | 146.7 | 165. | 183.3 |
| 23 | 76.7 | 95.8 | 115. | 134.2 | 153.3 | 172.5 | 191.7 |
| 24 | 80. | 100. | 120. | 140. | 160. | 180. | 200. |
| 25 | 83.3 | 106.2 | 125. | 145.8 | 166.7 | 187.5 | 208.3 |
| 26 | 86.7 | 108.3 | 130. | 151.7 | 173.3 | 195. | 216.7 |
| 27 | 90. | 112.5 | 135. | 157.5 | 180. | 202.5 | 225. |
| 28 | 93.3 | 116.7 | 140. | 163.3 | 186.7 | 210. | 233.3 |
| 29 | 96.7 | 120.8 | 145. | 169.2 | 193.3 | 217.5 | 241.7 |
| 30 | 100. | 125. | 150. | 175. | 200. | 225. | 250. |
| 31 | 103.3 | 129.2 | 155. | 180.8 | 206.7 | 232.5 | 258.3 |
| 32 | 106.7 | 133.3 | 160. | 186.7 | 213.3 | 240. | 266.7 |
| 33 | 110. | 137.5 | 165. | 192.5 | 220. | 247.5 | 275. |
| 34 | 113.3 | 141.7 | 170. | 198.3 | 226.7 | 255. | 283.3 |
| 35 | 116.7 | 145.8 | 175. | 204.2 | 233.3 | 262.5 | 291.7 |
| 36 | 120. | 150. | 180. | 210. | 240. | 270. | 300. |
| 37 | 123.3 | 154.2 | 185. | 215.8 | 246.7 | 277.5 | 308.3 |
| 38 | 126.7 | 158.3 | 190. | 221.7 | 253.3 | 285. | 316.7 |
| 39 | 130. | 162.5 | 195. | 227.5 | 260. | 292.5 | 325. |
| 40 | 133.3 | 166.7 | 200. | 233.3 | 266.7 | 300. | 333.3 |
| 41 | 136.7 | 170.8 | 205. | 239.2 | 273.3 | 307.5 | 341.7 |
| 42 | 140. | 175. | 210. | 245. | 280. | 315. | 350. |
| 43 | 143.3 | 179.2 | 215. | 250.8 | 286.7 | 322.5 | 358.3 |
| 44 | 146.7 | 183.3 | 220. | 256.7 | 293.3 | 330. | 366.7 |
| 45 | 150. | 187.5 | 225. | 262.5 | 300. | 337.5 | 375. |
| 46 | 153.3 | 191.7 | 230. | 268.3 | 306.7 | 345. | 383.3 |
| 47 | 156.7 | 195.8 | 235. | 274.2 | 313.3 | 352.5 | 391.7 |
| 48 | 160. | 200. | 240. | 280. | 320. | 360. | 400. |
| 49 | 163.3 | 204.2 | 245. | 285.8 | 326.7 | 367.5 | 408.3 |
| 50 | 166.7 | 208.3 | 250. | 291.7 | 333.3 | 375. | 416.7 |

## $1\frac{1}{4}$" x 4"

| Pcs. | 8 Ft. | 10 Ft. | 12 Ft. | 14 Ft. | 16 Ft. | 18 Ft. | 20 Ft. |
|---|---|---|---|---|---|---|---|
| 100 | 333.3 | 416.7 | 500. | 583.3 | 666.7 | 750. | 833.3 |
| 200 | 666.7 | 833.3 | 1000. | 1166.7 | 1333.3 | 1500. | 1666.7 |
| 300 | 1000. | 1250. | 1500. | 1750. | 2000. | 2250. | 2500. |
| 400 | 1333.3 | 1666.7 | 2000. | 2333.3 | 2666.7 | 3000. | 3333.3 |
| 500 | 1666.7 | 2083.3 | 2500. | 2916.7 | 3333.3 | 3750. | 4166.7 |
| 600 | 2000. | 2500. | 3000. | 3500. | 4000. | 4500. | 5000. |
| 700 | 2333.3 | 2916.7 | 3500. | 4083.3 | 4666.7 | 5250. | 5833.3 |
| 800. | 2666.7 | 3333.3 | 4000. | 4666.7 | 5333.3 | 6000. | 6666.7 |
| 900 | 3000. | 3750. | 4500. | 5250. | 6000. | 6750. | 7500. |
| 1000 | 3333.3 | 4166.7 | 5000. | 5833.3 | 6666.7 | 7500. | 8333.3 |

## 1¼" x 6"

| Pcs. | 8 Ft. | 10 Ft. | 12 Ft. | 14 Ft. | 16 Ft. | 18 Ft. | 20 Ft. |
|---|---|---|---|---|---|---|---|
| 1 | 5. | 6.3 | 7.5 | 8.8 | 10. | 11.3 | 12.5 |
| 2 | 10. | 12.5 | 15. | 17.5 | 20. | 22.5 | 25. |
| 3 | 15. | 18.8 | 22.5 | 26.3 | 30. | 33.8 | 37.5 |
| 4 | 20. | 25. | 30. | 35. | 40. | 45. | 50. |
| 5 | 25. | 31.3 | 37.5 | 43.8 | 50. | 56.3 | 62.5 |
| 6 | 30. | 37.5 | 45. | 52.5 | 60. | 67.5 | 75. |
| 7 | 35. | 43.8 | 52.5 | 61.3 | 70. | 78.8 | 87.5 |
| 8 | 40. | 50. | 60. | 70. | 80. | 90. | 100. |
| 9 | 45. | 56.3 | 67.5 | 78.8 | 90. | 101.3 | 112.5 |
| 10 | 50. | 62.5 | 75. | 87.5 | 100. | 112.5 | 125. |
| 11 | 55. | 68.8 | 82.5 | 96.3 | 110. | 123.8 | 137.5 |
| 12 | 60. | 75. | 90. | 105. | 120. | 135. | 150. |
| 13 | 65. | 81.3 | 97.5 | 113.8 | 130. | 146.3 | 162.5 |
| 14 | 70. | 87.5 | 105. | 122.5 | 140. | 157.5 | 175. |
| 15 | 75. | 93.8 | 112.5 | 131.3 | 150. | 168.8 | 187.5 |
| 16 | 80. | 100. | 120. | 140. | 160. | 180. | 200. |
| 17 | 85. | 106.3 | 127.5 | 148.8 | 170. | 191.3 | 212.5 |
| 18 | 90. | 112.5 | 135. | 157.5 | 180. | 202.5 | 225. |
| 19 | 95. | 118.8 | 142.5 | 166.3 | 190. | 213.8 | 237.5 |
| 20 | 100. | 125. | 150. | 175. | 200. | 225. | 250. |
| 21 | 105. | 131.3 | 157.5 | 183.8 | 210. | 236.3 | 262.5 |
| 22 | 110. | 137.5 | 165. | 192.5 | 220. | 247.5 | 275. |
| 23 | 115. | 143.8 | 172.5 | 201.3 | 230. | 258.8 | 287.5 |
| 24 | 120. | 150. | 180. | 210. | 240. | 270. | 300. |
| 25 | 125. | 156.3 | 187.5 | 218.8 | 250. | 281.3 | 312.5 |
| 26 | 130. | 162.5 | 195. | 227.5 | 260. | 292.5 | 325. |
| 27 | 135. | 168.8 | 202.5 | 236.3 | 270. | 303.8 | 337.5 |
| 28 | 140. | 175. | 210. | 245. | 280. | 315. | 350. |
| 29 | 145. | 181.3 | 217.5 | 253.8 | 290. | 326.3 | 362.5 |
| 30 | 150. | 187.5 | 225. | 262.5 | 300. | 337.5 | 375. |
| 31 | 155. | 193.8 | 232.5 | 271.3 | 310. | 348.8 | 387.5 |
| 32 | 160. | 200. | 240. | 280. | 320. | 360. | 400. |
| 33 | 165. | 206.3 | 247.5 | 288.8 | 330. | 371.3 | 412.5 |
| 34 | 170. | 212.5 | 255. | 297.5 | 340. | 382.5 | 425. |
| 35 | 175. | 218.8 | 262.5 | 306.3 | 350. | 393.8 | 437.5 |
| 36 | 180. | 225. | 270. | 315. | 360. | 405. | 450. |
| 37 | 185. | 231.3 | 277.5 | 323.8 | 370. | 416.3 | 462.5 |
| 38 | 190. | 237.5 | 285. | 332.5 | 380. | 427.5 | 475. |
| 39 | 195. | 243.8 | 292.5 | 341.3 | 390. | 438.8 | 487.5 |
| 40 | 200. | 250. | 300. | 350. | 400. | 450. | 500. |
| 41 | 205. | 256.3 | 307.5 | 358.8 | 410. | 461.3 | 512.5 |
| 42 | 210. | 262.5 | 315. | 367.5 | 420. | 472.5 | 525. |
| 43 | 215. | 268.8 | 322.5 | 376.3 | 430. | 483.8 | 537.5 |
| 44 | 220. | 275. | 330. | 385. | 440. | 495. | 550. |
| 45 | 225. | 281.3 | 337.5 | 393.8 | 450. | 506.3 | 562.5 |
| 46 | 230. | 287.5 | 345. | 402.5 | 460. | 517.5 | 575. |
| 47 | 235. | 293.8 | 352.5 | 411.3 | 470. | 528.8 | 587.5 |
| 48 | 240. | 300. | 360. | 420. | 480. | 540. | 600. |
| 49 | 245. | 306.3 | 367.5 | 428.8 | 490. | 551.3 | 612.5 |
| 50. | 250. | 312.5 | 375. | 437.5 | 500. | 562.5 | 625. |

1¼" x 6"

| Pcs. | 8 Ft. | 10 Ft. | 12 Ft. | 14 Ft. | 16 Ft. | 18 Ft. | 20 Ft. |
|---|---|---|---|---|---|---|---|
| 100 | 500. | 625. | 750. | 875. | 1000. | 1125. | 1250. |
| 200 | 1000. | 1250. | 1500. | 1750. | 2000. | 2250. | 2500. |
| 300 | 1500. | 1875. | 2250. | 2625. | 3000. | 3375. | 3750. |
| 400 | 2000. | 2500. | 3000. | 3500. | 4000. | 4500. | 5000. |
| 500 | 2500. | 3125. | 3750. | 4375. | 5000. | 5625. | 6250. |
| 600 | 3000. | 3750. | 4500. | 5250. | 6000. | 6750. | 7500. |
| 700 | 3500. | 4375. | 5250. | 6125. | 7000. | 7875. | 8750. |
| 800 | 4000. | 5000. | 6000. | 7000. | 8000. | 9000. | 10000. |
| 900 | 4500. | 5625. | 6750. | 7875. | 9000. | 10125. | 11250. |
| 1000 | 5000. | 6250. | 7500. | 8750. | 10000. | 11250. | 12500. |

## 1¼" x 8"

| Pcs. | 8 Ft. | 10 Ft. | 12 Ft. | 14 Ft. | 16 Ft. | 18 Ft. | 20 Ft. |
|---|---|---|---|---|---|---|---|
| 1 | 6.7 | 8.3 | 10. | 11.7 | 13.3 | 15. | 16.7 |
| 2 | 13.3 | 16.7 | 20. | 23.3 | 26.7 | 30. | 33.3 |
| 3 | 20. | 25. | 30. | 35. | 40. | 45. | 50. |
| 4 | 26.7 | 33.3 | 40. | 46.7 | 53.7 | 60. | 66.7 |
| 5 | 33.3 | 41.7 | 50. | 58.3 | 66.7 | 75. | 83.3 |
| 6 | 40. | 50. | 60. | 70. | 80. | 90. | 100. |
| 7 | 46.7 | 58.3 | 70. | 81.7 | 93.3 | 105. | 116.7 |
| 8 | 53.3 | 66.7 | 80. | 93.3 | 106,7 | 120. | 133.3 |
| 9 | 60. | 75. | 90. | 105. | 120. | 135. | 150. |
| 10 | 66.7 | 83.3 | 100. | 116.7 | 133.3 | 150. | 166.7 |
| 11 | 73.3 | 91.7 | 110. | 128.3 | 146.7 | 165. | 183.3 |
| 12 | 80. | 100. | 120. | 140. | 160. | 180. | 200. |
| 13 | 86.7 | 108.3 | 130. | 151.7 | 173.3 | 195. | 216.7 |
| 14 | 93.3 | 116.7 | 140. | 163.3 | 186.7 | 210. | 233.3 |
| 15 | 100. | 125. | 150. | 175. | 200. | 225. | 250. |
| 16 | 106.7 | 133.3 | 160. | 186.7 | 213.3 | 240. | 266.7 |
| 17 | 113.3 | 141.7 | 170. | 198.3 | 226.7 | 255. | 283.3 |
| 18 | 120. | 150. | 180. | 210. | 240. | 270. | 300. |
| 19 | 126.7 | 158.3 | 190. | 221.7 | 253.3 | 285. | 316.7 |
| 20 | 133.3 | 166.7 | 200. | 233.3 | 266.7 | 300. | 333.3 |
| 21 | 140. | 175. | 210. | 245. | 280. | 315. | 350. |
| 22 | 146.7 | 183.3 | 220. | 256.7 | 293.3 | 330. | 366.7 |
| 23 | 153.3 | 191.7 | 230. | 268.3 | 306.7 | 345. | 383.3 |
| 24 | 160. | 200. | 240. | 280. | 320. | 360. | 400. |
| 25 | 166.7 | 208.3 | 250. | 291.7 | 333.3 | 375. | 416.7 |
| 26 | 173.3 | 216.7 | 260. | 303.3 | 346.7 | 390. | 433.3 |
| 27 | 180. | 225. | 270. | 315. | 360. | 405. | 450. |
| 28 | 186.7 | 233.3 | 280. | 326.7 | 373.3 | 420. | 466.7 |
| 29 | 193.3 | 241.7 | 290. | 338.3 | 386.7 | 435. | 483.3 |
| 30 | 200. | 250. | 300. | 350. | 400. | 450. | 500. |
| 31 | 206.7 | 258.3 | 310. | 361.7 | 413.3 | 465. | 516.7 |
| 32 | 213.3 | 266.7 | 320. | 373.3 | 426.7 | 480. | 533.3 |
| 33 | 220. | 275. | 330. | 385. | 440. | 495. | 550. |
| 34 | 226.7 | 283.3 | 340. | 396.7 | 453.3 | 510. | 566.7 |
| 35 | 233.3 | 291.7 | 350. | 408.3 | 466.7 | 525. | 583.3 |
| 36 | 240. | 300. | 360. | 420. | 480. | 540. | 600. |
| 37 | 246.7 | 308.3 | 370. | 431.7 | 493.3 | 555. | 616.7 |
| 38 | 253.3 | 316.7 | 380. | 443.3 | 506.7 | 570. | 633.3 |
| 39 | 260. | 325. | 390. | 455. | 520. | 585. | 650. |
| 40 | 266.7 | 333.3 | 400. | 466.7 | 533.3 | 600. | 666.7 |
| 41 | 273.3 | 341.7 | 410. | 478.3 | 546.7 | 615. | 683.3 |
| 42 | 280. | 350. | 420. | 490. | 560. | 630. | 700. |
| 43 | 286.7 | 358.3 | 430. | 501.7 | 573.3 | 645. | 716.7 |
| 44 | 293.3 | 366.7 | 440. | 513.3 | 586.7 | 660. | 733.3 |
| 45 | 300. | 375. | 450. | 525. | 600. | 675. | 750. |
| 46 | 306.7 | 383.3 | 460. | 536.7 | 613.3 | 690. | 766.7 |
| 47 | 313.3 | 391.7 | 470. | 548.3 | 626.7 | 705. | 783.3 |
| 48 | 320. | 400. | 480. | 560. | 640. | 720. | 800. |
| 49 | 326.7 | 408.3 | 490. | 571.7 | 653.3 | 735. | 816.7 |
| 50 | 333.3 | 416.7 | 500. | 583.3 | 666.7 | 750. | 833.3 |

1¼" x 8"

| Pcs. | 8 Ft. | 10 Ft. | 12 Ft. | 14 Ft. | 16 Ft. | 18 Ft. | 20 Ft. |
|---|---|---|---|---|---|---|---|
| 51 | 340. | 425. | 510. | 595. | 680. | 765. | 850. |
| 52 | 346.7 | 433.3 | 520. | 606.7 | 693.3 | 780. | 866.7 |
| 53 | 353.3 | 441.7 | 530. | 618.3 | 706.7 | 795. | 883.3 |
| 54 | 360. | 450. | 540. | 630. | 720. | 810. | 900. |
| 55 | 366.7 | 458.3 | 550. | 641.7 | 733.3 | 825. | 916.7 |
| 56 | 373.3 | 466.7 | 560. | 653.3 | 746.7 | 840. | 933.3 |
| 57 | 380. | 475. | 570. | 665. | 760. | 855. | 950. |
| 58 | 386.7 | 483.3 | 580. | 676.7 | 773.3 | 870. | 966.7 |
| 59 | 393.3 | 491.7 | 590. | 688.3 | 786.7 | 885. | 983.3 |
| 60 | 400. | 500. | 600. | 700. | 800. | 900. | 1000. |
| 61 | 406.7 | 508.3 | 610. | 711.7 | 813.3 | 915. | 1016.7 |
| 62 | 413.3 | 516.7 | 620. | 723.3 | 826.7 | 930. | 1033.3 |
| 63 | 420. | 525. | 630. | 735. | 840. | 945. | 1050. |
| 64 | 426.7 | 533.3 | 640. | 746.7 | 853.3 | 960. | 1066.7 |
| 65 | 433.3 | 541.7 | 650. | 758.3 | 866.7 | 975. | 1083.3 |
| 66 | 440. | 550. | 660. | 770. | 880. | 990. | 1100. |
| 67 | 446.7 | 558.3 | 670. | 781.7 | 893.3 | 1005. | 1116.7 |
| 68 | 453.3 | 566.7 | 680. | 793.3 | 906.7 | 1020. | 1133.3 |
| 69 | 460. | 575. | 690. | 805. | 920. | 1035. | 1150. |
| 70 | 466.7 | 583.3 | 700. | 816.7 | 933.3 | 1050. | 1166.7 |
| 71 | 473.3 | 591.7 | 710. | 828.3 | 946.7 | 1065. | 1183.3 |
| 72 | 480. | 600. | 720. | 840. | 960. | 1080. | 1200. |
| 73 | 486.7 | 608.3 | 730. | 851.7 | 973.3 | 1095. | 1216.7 |
| 74 | 493.3 | 616.7 | 740. | 863.3 | 986.7 | 1110. | 1233.3 |
| 75 | 500. | 625. | 750. | 875. | 1000. | 1125. | 1250. |
| 76 | 506.7 | 633.3 | 760. | 886.7 | 1013.3 | 1140. | 1266.7 |
| 77 | 513.3 | 641.7 | 770. | 898.3 | 1026.7 | 1155. | 1283.3 |
| 78 | 520. | 650. | 780. | 910. | 1040. | 1170. | 1300 |
| 79 | 526.7 | 658.3 | 790. | 921.7 | 1053.3 | 1185. | 1316.7 |
| 80 | 533.3 | 666.7 | 800. | 933.3 | 1066.7 | 1200. | 1333.3 |
| 81 | 540. | 675. | 810. | 945. | 1080. | 1215. | 1350. |
| 82 | 546.7 | 683.3 | 820. | 956.7 | 1093.3 | 1230. | 1366.7 |
| 83 | 553.3 | 691.7 | 830. | 968.3 | 1106.7 | 1245. | 1383.3 |
| 84 | 560. | 700. | 840. | 980. | 1120. | 1260. | 1400. |
| 85 | 566.7 | 708.3 | 850. | 991.7 | 1133.3 | 1275. | 1416.7 |
| 86 | 573.3 | 716.7 | 860. | 1003.3 | 1146.7 | 1290. | 1433.3 |
| 87 | 580. | 725. | 870. | 1015. | 1160. | 1305. | 1450. |
| 88 | 586.7 | 733.3 | 880. | 1026.7 | 1173.3 | 1320. | 1466.7 |
| 89 | 593.3 | 741.7 | 890. | 1038.3 | 1186.7 | 1335. | 1483.3 |
| 90 | 600. | 750. | 900. | 1050. | 1200. | 1350. | 1500. |
| 91 | 606.7 | 758.3 | 910. | 1061.7 | 1213.3 | 1365. | 1516.7 |
| 92 | 613.3 | 766.7 | 920. | 1073.3 | 1226.7 | 1380. | 1533.3 |
| 93 | 620. | 775. | 930. | 1085. | 1240. | 1395. | 1550. |
| 94 | 626.7 | 783.3 | 940. | 1096.7 | 1253.3 | 1410. | 1566.7 |
| 95 | 633.3 | 791.7 | 950. | 1108.3 | 1266.7 | 1425. | 1583.3 |
| 96 | 640. | 800. | 960. | 1120. | 1280. | 1440. | 1600. |
| 97 | 646.7 | 808.3 | 970. | 1131.7 | 1293.3 | 1455. | 1616.7 |
| 98 | 653.3 | 816.7 | 980. | 1143.3 | 1306.7 | 1470. | 1633.3 |
| 99 | 660. | 825. | 990. | 1155. | 1320. | 1485. | 1650. |
| 100 | 666.7 | 833.3 | 1000. | 1166.7 | 1333.3 | 1500. | 1666.7 |

## $1\frac{1}{4}$" x 8"

| Pcs. | 8 Ft. | 10 Ft. | 12 Ft. | 14 Ft. | 16 Ft. | 18 Ft. | 20 Ft. |
|---|---|---|---|---|---|---|---|
| 200 | 1333.3 | 1666.7 | 2000. | 2333.3 | 2666.7 | 3000. | 3333.3 |
| 300 | 2000. | 2500. | 3000. | 3500. | 4000. | 4500. | 5000. |
| 400 | 2666.7 | 3333.3 | 4000. | 4666.7 | 5333.3 | 6000. | 6666.7 |
| 500 | 3333.3 | 4166.7 | 5000. | 5833.3 | 6666.7 | 7500. | 8333.3 |
| 600 | 4000. | 5000. | 6000. | 7000. | 8000. | 9000. | 10000. |
| 700 | 4666.7 | 5833.3 | 7000. | 8166.7 | 9333.3 | 10500. | 11666.7 |
| 800 | 5333.3 | 6666.7 | 8000. | 9333.3 | 10666.7 | 12000. | 13333.3 |
| 900 | 6000. | 7500. | 9000. | 10500. | 12000. | 13500. | 15000. |
| 1000 | 6666.7 | 8333.3 | 10000. | 11666.6 | 13333.3 | 15000. | 16666.7 |

## 1¼" x 10"

| Pcs. | 8 Ft. | 10 Ft. | 12 Ft. | 14 Ft. | 16 Ft. | 18 Ft. | 20 Ft. |
|---|---|---|---|---|---|---|---|
| 1 | 8.3 | 10.4 | 12.5 | 14.6 | 16.7 | 18.8 | 20.8 |
| 2 | 16.7 | 20.8 | 25. | 29.2 | 33.3 | 37.5 | 41.7 |
| 3 | 25. | 31.3 | 37.5 | 43.8 | 50. | 56.3 | 62.5 |
| 4 | 33.3 | 41.7 | 50. | 58.3 | 66.7 | 75. | 83.3 |
| 5 | 41.7 | 52.1 | 62.5 | 72.9 | 83.3 | 93.8 | 104.2 |
| 6 | 50. | 62.5 | 75. | 87.5 | 100. | 112.5 | 125. |
| 7 | 58.3 | 77.9 | 87.5 | 102.1 | 116.7 | 131.3 | 145.8 |
| 8 | 66.7 | 83.3 | 100. | 116.7 | 133.3 | 150. | 166.7 |
| 9 | 75. | 93.8 | 112.5 | 131.3 | 150. | 168.8 | 187.5 |
| 10 | 83.3 | 104.2 | 125. | 145.8 | 166.7 | 187.5 | 208.3 |
| 11 | 91.7 | 114.6 | 137.5 | 160.4 | 183.3 | 206.3 | 229.2 |
| 12 | 100. | 125. | 150. | 175. | 200. | 225. | 250. |
| 13 | 108.3 | 135.4 | 162.5 | 189.6 | 216.7 | 243.8 | 270.8 |
| 14 | 116.7 | 145.8 | 175. | 204.2 | 233.3 | 262.5 | 291.7 |
| 15 | 125. | 156.3 | 187.5 | 218.8 | 250. | 281.3 | 312.5 |
| 16 | 133.3 | 166.7 | 200. | 233.3 | 266.7 | 300. | 333.3 |
| 17 | 141.7 | 177.1 | 212.5 | 247.9 | 283.3 | 318.8 | 354.2 |
| 18 | 150. | 187.5 | 225. | 262.5 | 300. | 337.5 | 375. |
| 19 | 158.3 | 197.9 | 237.5 | 277.1 | 316.7 | 356.3 | 395.8 |
| 20 | 166.7 | 208.3 | 250. | 291.7 | 333.3 | 375. | 416.7 |
| 21 | 175. | 218.8 | 262.5 | 306.3 | 350. | 393.8 | 437.5 |
| 22 | 183.3 | 229.2 | 275. | 320.8 | 366.7 | 412.5 | 458.3 |
| 23 | 191.7 | 239.6 | 287.5 | 335.4 | 383.3 | 431.3 | 479.2 |
| 24 | 200. | 250. | 300. | 350. | 400. | 450. | 500. |
| 25 | 208.3 | 260.4 | 312.5 | 364.6 | 416.7 | 468.8 | 520.8 |
| 26 | 216.7 | 270.8 | 325. | 379.2 | 433.3 | 487.5 | 541.7 |
| 27 | 225. | 281.3 | 337.5 | 393.8 | 450. | 506.3 | 562.5 |
| 28 | 233.3 | 291.7 | 350. | 408.3 | 466.7 | 525. | 583.3 |
| 29 | 241.7 | 302.1 | 362.5 | 422.9 | 483.3 | 543.8 | 604.2 |
| 30 | 250. | 312.5 | 375. | 437.5 | 500. | 562.5 | 625. |
| 31 | 258.3 | 322.9 | 387.5 | 452.1 | 516.7 | 581.3 | 645.8 |
| 32 | 266.7 | 333.3 | 400. | 466.7 | 533.3 | 600. | 666.7 |
| 33 | 275. | 343.8 | 412.5 | 481.3 | 550. | 618.8 | 687.5 |
| 34 | 283.3 | 354.2 | 425. | 495.8 | 566.7 | 637.5 | 708.3 |
| 35 | 291.7 | 364.6 | 437.5 | 510.4 | 583.3 | 656.3 | 729.2 |
| 36 | 300. | 375. | 450. | 525. | 600. | 675. | 750. |
| 37 | 308.3 | 385.4 | 462.5 | 539.6 | 616.7 | 693.8 | 770.8 |
| 38 | 316.7 | 395.8 | 475. | 554.2 | 633.3 | 712.5 | 791.7 |
| 39 | 325. | 406.3 | 487.5 | 568.8 | 650. | 731.3 | 812.5 |
| 40 | 333.3 | 416.7 | 500. | 583.3 | 666.7 | 750. | 833.3 |
| 41 | 341.7 | 427.1 | 512.5 | 597.9 | 683.3 | 768.8 | 854.2 |
| 42 | 350. | 437.5 | 525. | 612.5 | 700. | 787.5 | 875. |
| 43 | 358.3 | 447.9 | 537.5 | 627.1 | 716.7 | 806.3 | 895.8 |
| 44 | 366.7 | 458.3 | 550. | 641.7 | 733.3 | 825. | 916.7 |
| 45 | 375. | 468.8 | 562.5 | 656.3 | 750. | 843.8 | 937.5 |
| 46 | 383.3 | 479.2 | 575. | 670.8 | 766.7 | 862.5 | 958.3 |
| 47 | 391.7 | 489.6 | 587.5 | 685.4 | 783.3 | 881.3 | 979.2 |
| 48 | 400. | 500. | 600. | 700. | 800. | 900. | 1000. |
| 49 | 408.3 | 510.4 | 612.5 | 714.6 | 816.7 | 918.8 | 1020.8 |
| 50 | 416.7 | 520.8 | 625. | 729.2 | 833.3 | 937.5 | 1041.7 |

## $1\frac{1}{4}$" x 10"

| Pcs. | 8 Ft. | 10 Ft. | 12 Ft. | 14 Ft. | 16 Ft. | 18 Ft. | 20 Ft. |
|---|---|---|---|---|---|---|---|
| 100 | 833.3 | 1041.7 | 1250. | 1458.3 | 1666.7 | 1875. | 2083.3 |
| 200 | 1666.7 | 2083.3 | 2500. | 2916.7 | 3333.3 | 3750. | 4166.7 |
| 300 | 2500. | 3125. | 3750. | 4375. | 5000. | 5625. | 6250. |
| 400 | 3333.3 | 4166.7 | 5000. | 5833.3 | 6666.7 | 7500. | 8333.3 |
| 500 | 4166.7 | 5208. | 6250. | 7291.7 | 8333.3 | 9375. | 10416.7 |
| 600 | 5000. | 6250. | 7500. | 8750. | 10000. | 11250. | 12500. |
| 700 | 5833.3 | 7291.7 | 8750. | 10208.3 | 11666.7 | 13125. | 14583.3 |
| 800 | 6666.7 | 8333.3 | 10000. | 11666.7 | 13333.3 | 15000. | 16666.7 |
| 900 | 7500. | 9375. | 11250. | 13125. | 15000. | 16875. | 18750. |
| 1000 | 8333.3 | 10416.7 | 12500. | 14583.3 | 16666.7 | 18750. | 20833.3 |

1¼" x 12"

| Pcs. | 8 Ft. | 10 Ft. | 12 Ft. | 14 Ft. | 16 Ft. | 18 Ft. | 20 Ft. |
|---|---|---|---|---|---|---|---|
| 1 | 10. | 12.5 | 15. | 17.5 | 20. | 22.5 | 25. |
| 2 | 20. | 25. | 30. | 35. | 40. | 45. | 50. |
| 3 | 30. | 37.5 | 45. | 52.5 | 60. | 67.5 | 75. |
| 4 | 40. | 50. | 60. | 70. | 80. | 90. | 100. |
| 5 | 50. | 62.5 | 75. | 87.5 | 100. | 112.5 | 125. |
| 6 | 60. | 75. | 90. | 105. | 120. | 135. | 150. |
| 7 | 70. | 87.5 | 105. | 122.5 | 140. | 157.5 | 175. |
| 8 | 80. | 100. | 120. | 140. | 160. | 180. | 200. |
| 9 | 90. | 112.5 | 135. | 157.5 | 180. | 202.5 | 225. |
| 10 | 100. | 125. | 150. | 175. | 200. | 225. | 250. |
| 11 | 110. | 137.5 | 165. | 192.5 | 220. | 247.5 | 275. |
| 12 | 120. | 150. | 180. | 210. | 240. | 270. | 300. |
| 13 | 130. | 162.5 | 195. | 227.5 | 260. | 292.5 | 325. |
| 14 | 140. | 175. | 210. | 245. | 280. | 315. | 350. |
| 15 | 150. | 187.5 | 225. | 262.5 | 300. | 337.5 | 375. |
| 16 | 160. | 200. | 240. | 280. | 320. | 360. | 400. |
| 17 | 170. | 212.5 | 255. | 297.5 | 340. | 382.5 | 425. |
| 18 | 180. | 225. | 270. | 315. | 360. | 405. | 450. |
| 19 | 190. | 237.5 | 285. | 332.5 | 380. | 427.5 | 475. |
| 20 | 200. | 250. | 300. | 350. | 400. | 450. | 500. |
| 21 | 210. | 262.5 | 315. | 367.5 | 420. | 472.5 | 525. |
| 22 | 220. | 275. | 330. | 385. | 440. | 495. | 550. |
| 23 | 230. | 287.5 | 345. | 402.5 | 460. | 517.5 | 575. |
| 24 | 240. | 300. | 360. | 420. | 480. | 540. | 600. |
| 25 | 250. | 312.5 | 375. | 437.5 | 500. | 562.5 | 625. |
| 26 | 260. | 325. | 390. | 455. | 520. | 585. | 650. |
| 27 | 270. | 337.5 | 405. | 472.5 | 540. | 607.5 | 675. |
| 28 | 280. | 350. | 420. | 490. | 560. | 630. | 700. |
| 29 | 290. | 362.5 | 435. | 507.5 | 580. | 652.5 | 725. |
| 30 | 300. | 375. | 450. | 525. | 600. | 675. | 750. |
| 31 | 310. | 387.5 | 465. | 542.5 | 620. | 697.5 | 775. |
| 32 | 320. | 400. | 480. | 560. | 640. | 720. | 800. |
| 33 | 330. | 412.5 | 495. | 577.5 | 660. | 742.5 | 825. |
| 34 | 340. | 425. | 510. | 595. | 680. | 765. | 850. |
| 35 | 350. | 437.5 | 525. | 612.5 | 700. | 787.5 | 875. |
| 36 | 360. | 450. | 540. | 630. | 720. | 810. | 900. |
| 37 | 370. | 462.5 | 555. | 647.5 | 740. | 832.5 | 925. |
| 38 | 380. | 475. | 570. | 665. | 760. | 855. | 950. |
| 39 | 390. | 487.5 | 585. | 682.5 | 780. | 877.5 | 975. |
| 40 | 400. | 500. | 600. | 700. | 800. | 900. | 1000. |
| 41 | 410. | 512.5 | 615. | 717.5 | 820. | 922.5 | 1025. |
| 42 | 420. | 525. | 630. | 735. | 840. | 945. | 1050. |
| 43 | 430. | 537.5 | 645. | 752.5 | 860. | 967.5 | 1075. |
| 44 | 440. | 550. | 660. | 770. | 880. | 990. | 1100. |
| 45 | 450. | 562.5 | 675. | 787.5 | 900. | 1012.5 | 1125. |
| 46 | 460. | 575. | 690. | 805. | 920. | 1035. | 1150. |
| 47 | 470. | 587.5 | 705. | 822.5 | 940. | 1057.5 | 1175. |
| 48 | 480. | 600. | 720. | 840. | 960. | 1080. | 1200. |
| 49 | 490. | 612.5 | 735. | 857.5 | 980. | 1102.5 | 1225. |
| 50 | 500. | 625. | 750. | 875. | 1000. | 1125. | 1250. |

## $1\frac{1}{4}$" x 12"

| Pcs. | 8 Ft. | 10 Ft. | 12 Ft. | 14 Ft. | 16 Ft. | 18 Ft. | 20 Ft. |
|---|---|---|---|---|---|---|---|
| 100 | 1000 | 1250 | 1500 | 1750 | 2000 | 2250 | 2500 |
| 200 | 2000 | 2500 | 3000 | 3500 | 4000 | 4500 | 5000 |
| 300 | 3000 | 3750 | 4500 | 5250 | 6000 | 6750 | 7500 |
| 400 | 4000 | 5000 | 6000 | 7000 | 8000 | 9000 | 10000 |
| 500 | 5000 | 6250 | 7500 | 8750 | 10000 | 11250 | 12500 |
| 600 | 6000 | 7500 | 9000 | 10500 | 12000 | 13500 | 15000 |
| 700 | 7000 | 8750 | 10500 | 12250 | 14000 | 15750 | 17500 |
| 800 | 8000 | 10000 | 12000 | 14000 | 16000 | 18000 | 20000 |
| 900 | 9000 | 11250 | 13500 | 15750 | 18000 | 20250 | 22500 |
| 1000 | 10000 | 12500 | 15000 | 17500 | 20000 | 22500 | 25000 |

## $1\frac{1}{4}$ x 14"

| Pcs. | 8 Ft. | 10 Ft. | 12 Ft. | 14 Ft. | 16 Ft. | 18 Ft. | 20 Ft. |
|---|---|---|---|---|---|---|---|
| 1 | 11.7 | 14.6 | 17.5 | 20.4 | 23.3 | 26.3 | 29.2 |
| 2 | 23.3 | 29.2 | 35. | 40.8 | 46.7 | 52.5 | 58.3 |
| 3 | 35. | 43.8 | 52.5 | 61.3 | 70. | 78.8 | 87.5 |
| 4 | 46.7 | 58.3 | 70. | 81.7 | 93.3 | 105. | 116.7 |
| 5 | 58.3 | 72.9 | 87.5 | 102.1 | 116.7 | 131.3 | 145.8 |
| 6 | 70. | 87.5 | 105. | 122.5 | 140. | 157.5 | 175. |
| 7 | 81.7 | 102.1 | 122.5 | 142.9 | 163.3 | 183.8 | 204.2 |
| 8 | 93.3 | 116.7 | 140. | 163.3 | 186.7 | 210. | 233.3 |
| 9 | 105. | 131.3 | 157.5 | 183.8 | 210. | 236.3 | 262.5 |
| 10 | 116.7 | 145.8 | 175. | 204.2 | 233.3 | 262.5 | 291.7 |
| 11 | 128.3 | 160.4 | 192.5 | 224.6 | 256.7 | 288.8 | 320.8 |
| 12 | 140. | 175. | 210. | 245. | 280. | 315. | 350. |
| 13 | 151.7 | 189.6 | 227.5 | 265.4 | 303.3 | 341.3 | 379.2 |
| 14 | 163.3 | 204.2 | 245. | 285.8 | 326.7 | 367.5 | 408.3 |
| 15 | 175. | 218.8 | 262.5 | 306.3 | 350. | 393.8 | 437.5 |
| 16 | 186.7 | 233.3 | 280. | 326.7 | 373.3 | 420. | 466.7 |
| 17 | 198.3 | 247.9 | 297.5 | 347.1 | 396.7 | 446.3 | 495.8 |
| 18 | 210. | 262.5 | 315. | 367.5 | 420. | 472.5 | 525. |
| 19 | 221.7 | 277.1 | 332.5 | 387.9 | 443.3 | 498.8 | 554.2 |
| 20 | 233.3 | 291.7 | 350. | 408.3 | 466.7 | 525. | 583.3 |
| 21 | 245. | 306.3 | 367.5 | 428.8 | 490. | 551.3 | 612.5 |
| 22 | 256.7 | 320.8 | 385. | 449.2 | 513.3 | 577.5 | 641.7 |
| 23 | 268.3 | 335.4 | 402.5 | 469.6 | 536.7 | 603.8 | 670.8 |
| 24 | 280. | 350. | 420. | 490. | 560. | 630. | 700. |
| 25 | 291.7 | 364.6 | 437.5 | 510.4 | 583.3 | 656.3 | 729.2 |
| 26 | 303.3 | 379.2 | 455. | 530.8 | 606.7 | 682.5 | 758.3 |
| 27 | 315. | 393.8 | 472.5 | 551.3 | 630. | 708.8 | 787.5 |
| 28 | 326.7 | 408.3 | 490. | 571.7 | 653.3 | 735. | 816.7 |
| 29 | 338.3 | 422.9 | 507.5 | 592.1 | 676.7 | 761.3 | 845.8 |
| 30 | 350. | 437.5 | 525. | 612.5 | 700. | 787.5 | 875. |
| 31 | 361.7 | 452.1 | 542.5 | 632.9 | 723.3 | 813.8 | 904.2 |
| 32 | 373.3 | 466.7 | 560. | 653.3 | 746.7 | 840. | 933.3 |
| 33 | 385. | 481.3 | 577.5 | 673.8 | 770. | 866.3 | 962.5 |
| 34 | 396.7 | 495.8 | 595. | 694.2 | 793.3 | 892.5 | 991.7 |
| 35 | 408.3 | 510.4 | 612.5 | 714.6 | 816.7 | 918.8 | 1020.8 |
| 36 | 420. | 525. | 630. | 735. | 840. | 945. | 1050. |
| 37 | 431.7 | 539.6 | 647.5 | 755.4 | 863.3 | 971.3 | 1079.2 |
| 38 | 443.3 | 554.2 | 665. | 775.8 | 886.7 | 997.5 | 1108.3 |
| 39 | 455. | 568.8 | 682.5 | 796.3 | 910. | 1023.8 | 1137.5 |
| 40 | 466.7 | 583.3 | 700. | 816.7 | 933.3 | 1050. | 1166.7 |
| 41 | 478.3 | 597.9 | 717.5 | 837.1 | 956.7 | 1076.3 | 1195.8 |
| 42 | 490. | 612.5 | 735. | 857.5 | 980. | 1102.5 | 1225. |
| 43 | 501.7 | 627.1 | 752.5 | 877.9 | 1003.3 | 1128.8 | 1254.2 |
| 44 | 513.3 | 641.7 | 770. | 898.3 | 1026.7 | 1155. | 1283.3 |
| 45 | 525. | 656.3 | 787.5 | 918.8 | 1050. | 1181.3 | 1312.5 |
| 46 | 536.7 | 670.8 | 805. | 939.2 | 1073.3 | 1207.5 | 1341.7 |
| 47 | 548.3 | 685.4 | 822.5 | 959.6 | 1096.7 | 1233.8 | 1370.8 |
| 48 | 560. | 700. | 840. | 980. | 1120. | 1260. | 1400. |
| 49 | 571.7 | 714.6 | 857.5 | 1000.4 | 1143.3 | 1286.3 | 1429.2 |
| 50 | 583.3 | 729.2 | 875. | 1020.8 | 1166.7 | 1312.5 | 1458.3 |

## 1¼" x 16"

| Pcs. | 8 Ft. | 10 Ft. | 12 Ft. | 14 Ft. | 16 Ft. | 18 Ft. | 20 Ft. |
|---|---|---|---|---|---|---|---|
| 100 | 1166.7 | 1458.3 | 1750. | 2041.7 | 2333.3 | 2625. | 2916.7 |
| 200 | 2333.3 | 2916.7 | 3500. | 4083.3 | 4666.7 | 5250. | 5833.3 |
| 300 | 3500. | 4375. | 5250. | 6125. | 7000. | 7875. | 8750. |
| 400 | 4666.7 | 5833.3 | 7000. | 8166.7 | 9333.3 | 10500. | 11666.7 |
| 500 | 5833.3 | 7291.7 | 8750. | 10208.3 | 11666.7 | 13125. | 14583.3 |
| 600 | 7000. | 8750. | 10500. | 12250. | 14000. | 15750. | 17500. |
| 700 | 8166.7 | 10208.3 | 12250. | 14291.7 | 16333.3 | 18375. | 20416.7 |
| 800 | 9333.3 | 11666.7 | 14000. | 16333.3 | 18666.7 | 21000. | 23333.3 |
| 900 | 10500. | 13125. | 15750. | 18375. | 21000. | 23625. | 26250. |
| 1000 | 11666.7 | 14583.3 | 17500. | 20416.7 | 23333.3 | 26250. | 29166.7 |

## 1¼" x 16"

| Pcs. | 8 Ft. | 10 Ft. | 12 Ft. | 14 Ft. | 16 Ft. | 18 Ft. | 20 Ft. | 22 Ft. |
|---|---|---|---|---|---|---|---|---|
| 1 | 13.3 | 16.7 | 20. | 23.3 | 26.7 | 30. | 33.3 | 36.7 |
| 2 | 26.7 | 33.3 | 40. | 46.7 | 53.3 | 60. | 66.7 | 73.3 |
| 3 | 40. | 50. | 60. | 70. | 80. | 90. | 100. | 110. |
| 4 | 53.3 | 66.7 | 80. | 93.3 | 106.7 | 120. | 133.3 | 146.7 |
| 5 | 66.7 | 83.3 | 100. | 116.7 | 133.7 | 150. | 166.7 | 183.3 |
| 6 | 80. | 100. | 120. | 140. | 160. | 180. | 200. | 220. |
| 7 | 93.3 | 116.7 | 140. | 163.3 | 186.7 | 210. | 233.3 | 256.7 |
| 8 | 106.7 | 133.3 | 160. | 186.7 | 213.3 | 240. | 266.7 | 293.3 |
| 9 | 120. | 150. | 180. | 210. | 240. | 270. | 300. | 330. |
| 10 | 133.3 | 166.7 | 200. | 233.3 | 266.7 | 300. | 333.3 | 366.7 |
| 11 | 146.7 | 183.3 | 220. | 256.7 | 293.3 | 330. | 366.7 | 403.3 |
| 12 | 160. | 200. | 240. | 280. | 320. | 360. | 400. | 440. |
| 13 | 173.3 | 216.7 | 260. | 303.3 | 346.7 | 390. | 433.3 | 476.7 |
| 14 | 186.7 | 233.3 | 280. | 326.7 | 373.3 | 420. | 466.7 | 513.3 |
| 15 | 200. | 250. | 300. | 350. | 400. | 450. | 500. | 550. |
| 16 | 213.3 | 266.7 | 320. | 373.3 | 426.7 | 480. | 533.3 | 586.7 |
| 17 | 226.7 | 283.3 | 340. | 396.7 | 453.3 | 510. | 566.7 | 623.3 |
| 18 | 240. | 300. | 360. | 420. | 480. | 540. | 600. | 660. |
| 19 | 253.3 | 316.7 | 380. | 443.3 | 506.7 | 570. | 633.3 | 696.7 |
| 20 | 266.7 | 333.3 | 400. | 466.7 | 533.3 | 600. | 666.7 | 733.3 |
| 21 | 280. | 350. | 420. | 490. | 560. | 630. | 700. | 770. |
| 22 | 293.3 | 366.7 | 440. | 513.3 | 586.7 | 660. | 733.3 | 806.7 |
| 23 | 306.7 | 383.3 | 460. | 536.7 | 613.3 | 690. | 766.7 | 843.3 |
| 24 | 320. | 400. | 480. | 560. | 640. | 720. | 800. | 880. |
| 25 | 333.3 | 416.7 | 500. | 583.3 | 666.7 | 750. | 833.3 | 916.7 |
| 26 | 346.7 | 433.3 | 520. | 606.7 | 693.3 | 780. | 866.7 | 953.3 |
| 27 | 360. | 450. | 540. | 630. | 720. | 810. | 900. | 990. |
| 28 | 373.3 | 466.7 | 560. | 653.3 | 746.7 | 840. | 933.3 | 1026.7 |
| 29 | 386.7 | 483.3 | 580. | 676.7 | 773.3 | 870. | 966.7 | 1063.3 |
| 30 | 400. | 500. | 600. | 700. | 800. | 900. | 1000. | 1100. |
| 31 | 413.3 | 516.7 | 620. | 723.3 | 826.7 | 930. | 1033.3 | 1136.7 |
| 32 | 426.7 | 533.3 | 640. | 746.7 | 853.3 | 960. | 1066.7 | 1173.3 |
| 33 | 440. | 550. | 660. | 770. | 880. | 990. | 1100. | 1210. |
| 34 | 453.3 | 566.7 | 680. | 793.3 | 906.7 | 1020. | 1133.3 | 1246.7 |
| 35. | 466.7 | 583.3 | 700. | 816.7 | 933.3 | 1050. | 1166.7 | 1283.3 |
| 36 | 480. | 600. | 720. | 840. | 960. | 1080. | 1200. | 1320. |
| 37. | 493.3 | 616.7 | 740. | 863.3 | 986.7 | 1110. | 1233.3 | 1356.7 |
| 38 | 506.7 | 633.3 | 760. | 886.7 | 1013.3 | 1140. | 1266.7 | 1393.3 |
| 39 | 520. | 650. | 780. | 910. | 1040. | 1170. | 1300. | 1430. |
| 40 | 533.3 | 666.7 | 800. | 933.7 | 1066.7 | 1200. | 1333.3 | 1466.7 |
| 41 | 546.7 | 683.3 | 820. | 956.7 | 1093.3 | 1230. | 1366.7 | 1503.3 |
| 42 | 560. | 700. | 840. | 980. | 1120. | 1260. | 1400. | 1540. |
| 43 | 573.3 | 716.7 | 860. | 1003.3 | 1146.7 | 1290. | 1433.3 | 1576.7 |
| 44 | 586.7 | 733.3 | 880. | 1026.7 | 1173.3 | 1320. | 1466.7 | 1613.3 |
| 45 | 600. | 750. | 900. | 1050. | 1200. | 1350. | 1500. | 1650. |
| 46 | 613.3 | 766.7 | 920. | 1073.3 | 1226.7 | 1380. | 1533.3 | 1686.7 |
| 47 | 626.7 | 783.3 | 940. | 1096.7 | 1253.3 | 1410. | 1566.7 | 1723.3 |
| 48 | 640. | 800. | 960. | 1120. | 1280. | 1440. | 1600. | 1760. |
| 49 | 653.3 | 816.7 | 980. | 1143.3 | 1306.7 | 1470. | 1633.3 | 1796.7 |
| 50 | 666.7 | 833.3 | 1000. | 1166.7 | 1333.3 | 1500. | 1666.7 | 1833.3 |

## $1\frac{1}{4}$" x 16"

| Pcs. | 8 Ft. | 10 Ft. | 12 Ft. | 14 Ft. | 16 Ft. | 18 Ft. | 20 Ft. | 22 Ft. |
|---|---|---|---|---|---|---|---|---|
| 51 | 680. | 850. | 1020. | 1190. | 1360. | 1530. | 1700. | 1870. |
| 52 | 693.3 | 866.7 | 1040. | 1213.3 | 1386.7 | 1560. | 1733.3 | 1906.7 |
| 53 | 706.7 | 883.3 | 1060. | 1236.7 | 1413.3 | 1590. | 1766.7 | 1943.3 |
| 54 | 720. | 900. | 1080. | 1260. | 1440. | 1620. | 1800. | 1980. |
| 55 | 733.3 | 916.7 | 1100. | 1283.3 | 1466.7 | 1650. | 1833.3 | 2016.7 |
| 56 | 746.7 | 933.3 | 1120. | 1306.7 | 1493.3 | 1680. | 1866.7 | 2053.3 |
| 57 | 760. | 950. | 1140. | 1330. | 1520. | 1710. | 1900. | 2090. |
| 58 | 773.3 | 966.7 | 1160. | 1353.3 | 1546.7 | 1740. | 1933.3 | 2126.7 |
| 59 | 786.7 | 983.7 | 1180. | 1376.7 | 1573.3 | 1770. | 1966.7 | 2163.3 |
| 60 | 800. | 1000. | 1200. | 1400. | 1600. | 1800. | 2000. | 2200. |
| 61 | 813.3 | 1016.7 | 1220. | 1423.3 | 1626.7 | 1830. | 2033.3 | 2236.7 |
| 62 | 826.7 | 1033.3 | 1240. | 1446.7 | 1653.3 | 1860. | 2066.7 | 2273.3 |
| 63 | 840. | 1050. | 1260. | 1470. | 1680. | 1890. | 2100. | 2310. |
| 64 | 853.3 | 1066.7 | 1280. | 1493.3 | 1706.7 | 1920. | 2133.3 | 2346.7 |
| 65 | 866.7 | 1083.3 | 1300. | 1516.7 | 1733.3 | 1950. | 2166.7 | 2383.3 |
| 66 | 880. | 1100. | 1320. | 1540. | 1760. | 1980. | 2200. | 2420. |
| 67 | 893.3 | 1116.7 | 1340. | 1563.3 | 1786.7 | 2010. | 2233.3 | 2456.7 |
| 68 | 906.7 | 1133.3 | 1360. | 1586.7 | 1813.3 | 2040. | 2266.7 | 2493.3 |
| 69 | 920. | 1150. | 1380. | 1610. | 1840. | 2070. | 2300. | 2530. |
| 70 | 933.3 | 1166.7 | 1400. | 1633.3 | 1866.7 | 2100. | 2333.3 | 2566.7 |
| 71 | 946.7 | 1183.3 | 1420. | 1656.7 | 1893.3 | 2130. | 2366.7 | 2603.3 |
| 72 | 960. | 1200. | 1440. | 1680. | 1920. | 2160. | 2400. | 2640. |
| 73 | 973.3 | 1216.7 | 1460. | 1703.7 | 1946.7 | 2190. | 2433.3 | 2676.7 |
| 74 | 986.7 | 1233.3 | 1480. | 1726.7 | 1973.3 | 2220. | 2466.7 | 2713.3 |
| 75 | 1000. | 1250. | 1500. | 1750. | 2000. | 2250. | 2500. | 2750. |
| 76 | 1013.3 | 1266.7 | 1520. | 1773.3 | 2026.7 | 2280. | 2533.3 | 2786.7 |
| 77 | 1026.7 | 1283.3 | 1540. | 1796.7 | 2053.3 | 2310. | 2566.7 | 2823.3 |
| 78 | 1040. | 1300. | 1560. | 1820. | 2080. | 2340. | 2600. | 2860. |
| 79 | 1053.3 | 1316.7 | 1580. | 1843.3 | 2106.7 | 2370. | 2633.3 | 2896.7 |
| 80 | 1066.7 | 1333.3 | 1600. | 1866.7 | 2133.3 | 2400. | 2666.7 | 2933.3 |
| 81 | 1080. | 1350. | 1620. | 1890. | 2160. | 2430. | 2700. | 2970. |
| 82 | 1093.3 | 1366.7 | 1640. | 1913.3 | 2186.7 | 2460. | 2733.3 | 3006.7 |
| 83 | 1106.7 | 1383.3 | 1660. | 1936.7 | 2213.3 | 2490. | 2766.7 | 3043.3 |
| 84 | 1120. | 1400. | 1680. | 1960. | 2240. | 2520. | 2800. | 3080. |
| 85 | 1133.3 | 1416.7 | 1700. | 1983.3 | 2266.7 | 2550. | 2833.3 | 3116.7 |
| 86 | 1146.7 | 1433.3 | 1720. | 2006.7 | 2293.3 | 2580. | 2866.7 | 3153.3 |
| 87 | 1160. | 1450. | 1740. | 2030. | 2320. | 2610. | 2900. | 3190. |
| 88 | 1173.3 | 1466.7 | 1760. | 2053.3 | 2346.7 | 2640. | 2933.3 | 3226.7 |
| 89 | 1186.7 | 1483.3 | 1780. | 2076.7 | 2373.3 | 2670. | 2966.7 | 3263.3 |
| 90 | 1200. | 1500. | 1800. | 2100. | 2400. | 2700. | 3000. | 3300. |
| 91 | 1213.3 | 1516.7 | 1820. | 2123.3 | 2426.7 | 2730. | 3033.3 | 3336.7 |
| 92 | 1226.7 | 1533.3 | 1840. | 2146.7 | 2453.3 | 2760. | 3066.7 | 3373.3 |
| 93 | 1240. | 1550. | 1860. | 2170. | 2480. | 2790. | 3100. | 3410. |
| 94 | 1253.3 | 1566.7 | 1880. | 2193.3 | 2506.7 | 2820. | 3133.3 | 3446.7 |
| 95 | 1266.7 | 1583.3 | 1900. | 2216.7 | 2533.3 | 2850. | 3166.7 | 3483.3 |
| 96 | 1280. | 1600. | 1920. | 2240. | 2560. | 2880. | 3200. | 3520. |
| 97 | 1293.3 | 1616.7 | 1940. | 2263.3 | 2586.7 | 2910. | 3233.3 | 3556.7 |
| 98 | 1306.7 | 1633.3 | 1960. | 2286.7 | 2613.3 | 2940. | 3266.7 | 3593.3 |
| 99 | 1320. | 1650. | 1980. | 2310. | 2640. | 2970. | 3300. | 3630. |
| 100 | 1333.3 | 1666.7 | 2000. | 2333.3 | 2666.7 | 3000. | 3333.3 | 3666.7 |

## $1\frac{1}{4}$" x 16"

| Pcs. | 8 Ft. | 10 Ft. | 12 Ft. | 14 Ft. | 16 Ft. | 18 Ft. | 20 Ft. | 22 Ft. |
|---|---|---|---|---|---|---|---|---|
| 200 | 2666.7 | 3333.3 | 4000. | 4666.7 | 5333.3 | 6000. | 6666.7 | 7333.3 |
| 300 | 4000. | 5000. | 6000. | 7000. | 8000. | 9000. | 10000. | 11000. |
| 400 | 5333.3 | 6666.7 | 8000. | 9333.3 | 10666.7 | 12000. | 13333.3 | 14666.7 |
| 500 | 6666.7 | 8333.3 | 10000. | 11666.7 | 13333.3 | 15000. | 16666.7 | 18333.3 |
| 600 | 8000. | 10000. | 12000. | 14000. | 16000. | 18000. | 20000. | 22000. |
| 700 | 9333.3 | 11666.7 | 14000. | 16333.3 | 18666.7 | 21000. | 23333.3 | 25666.7 |
| 800 | 10666.7 | 13333.3 | 16000. | 18666.7 | 21333.3 | 24000. | 26666.7 | 29333.3 |
| 900 | 12000. | 15000. | 18000. | 21000. | 24000. | 27000. | 30000. | 33000. |
| 1000 | 13333.3 | 16666.7 | 20000. | 23333.3 | 26666.7 | 30000. | 33333.3 | 36666.7 |

## 1¼" x 18"

| Pcs. | 8 Ft. | 10 Ft. | 12 Ft. | 14 Ft. | 16 Ft. | 18 Ft. | 20 Ft. |
|---|---|---|---|---|---|---|---|
| 1 | 15. | 18.8 | 22.5 | 26.3 | 30. | 33.8 | 37.5 |
| 2 | 30. | 37.5 | 45. | 52.5 | 60. | 67.5 | 75. |
| 3 | 45. | 56.3 | 67.5 | 78.8 | 90. | 101.3 | 112.5 |
| 4 | 60. | 75. | 90. | 105. | 120. | 135. | 150. |
| 5 | 75. | 93.8 | 112.5 | 131.3 | 150. | 168.8 | 187.5 |
| 6 | 90. | 112.5 | 135. | 157.5 | 180. | 202.5 | 225. |
| 7 | 105. | 131.3 | 157.5 | 183.8 | 210. | 236.3 | 262.5 |
| 8 | 120. | 150. | 180. | 210. | 240. | 270. | 300. |
| 9 | 135. | 168.8 | 202.8 | 236.3 | 270. | 303.8 | 337.5 |
| 10 | 150. | 187.5 | 225. | 262.5 | 300. | 337.5 | 375. |
| 11 | 165. | 206.3 | 247.5 | 288.8 | 330. | 371.3 | 412.5 |
| 12 | 180. | 225. | 270. | 315. | 360. | 405. | 450. |
| 13 | 195. | 243.8 | 292.5 | 341.3 | 390. | 438.8 | 487.5 |
| 14 | 210. | 262.5 | 315. | 367.5 | 420. | 472.5 | 525. |
| 15 | 225. | 281.3 | 337.5 | 393.8 | 450. | 506.3 | 562.5 |
| 16 | 240. | 300. | 360. | 420. | 480. | 540. | 600. |
| 17 | 255. | 318.8 | 382.5 | 446.3 | 510. | 573.8 | 637.5 |
| 18 | 270. | 337.5 | 405. | 472.5 | 540. | 607.5 | 675. |
| 19 | 285. | 356.3 | 427.5 | 498.8 | 570. | 641.3 | 712.5 |
| 20 | 300. | 375. | 450. | 525. | 600. | 675. | 750. |
| 21 | 315. | 393.8 | 472.5 | 551.3 | 630. | 708.8 | 787.5 |
| 22 | 330. | 412.5 | 495. | 577.5 | 660. | 742.5 | 825. |
| 23 | 345. | 431.3 | 517.5 | 603.8 | 690. | 776.3 | 862.5 |
| 24 | 360. | 450. | 540. | 630. | 720. | 810. | 900. |
| 25 | 375. | 468.8 | 562.5 | 656.3 | 750. | 843.8 | 937.5 |
| 26 | 390. | 487.5 | 585. | 682.5 | 780. | 877.5 | 975. |
| 27 | 405. | 506.3 | 607.5 | 708.8 | 810. | 911.3 | 1012.5 |
| 28 | 420. | 525. | 630. | 735. | 840. | 945. | 1050. |
| 29 | 435. | 543.8 | 652.5 | 761.3 | 870. | 978.8 | 1087.5 |
| 30 | 450. | 562.5 | 675. | 787.5 | 900. | 1012.5 | 1125. |
| 31 | 465. | 581.3 | 697.5 | 813.8 | 930. | 1046.3 | 1162.5 |
| 32 | 480. | 600. | 720. | 840. | 960. | 1080. | 1200. |
| 33 | 495. | 618.8 | 742.5 | 866.3 | 990. | 1113.8 | 1237.5 |
| 34 | 510. | 637.5 | 765. | 892.5 | 1020. | 1147.5 | 1275. |
| 35 | 525. | 656.3 | 787.5 | 918.8 | 1050. | 1181.3 | 1312.5 |
| 36 | 540. | 675. | 810. | 945. | 1080. | 1215. | 1350. |
| 37 | 555. | 693.8 | 832.5 | 971.3 | 1110. | 1248.8 | 1387.5 |
| 38 | 570. | 712.5 | 855. | 997.5 | 1140. | 1282.5 | 1425. |
| 39 | 585. | 731.3 | 877.5 | 1023.8 | 1170. | 1316.3 | 1462.5 |
| 40 | 600. | 750. | 900. | 1050. | 1200. | 1350. | 1500. |
| 41 | 615. | 768.8 | 922.5 | 1076.3 | 1230. | 1383.8 | 1537.5 |
| 42 | 630. | 787.5 | 945. | 1102.5 | 1260. | 1417.5 | 1575. |
| 43 | 645. | 806.3 | 967.5 | 1128.8 | 1290. | 1451.3 | 1612.5 |
| 44 | 660. | 825. | 990. | 1155. | 1320. | 1485. | 1650. |
| 45 | 675. | 843.8 | 1012.5 | 1181.3 | 1350. | 1518.8 | 1687.5 |
| 46 | 690. | 862.5 | 1035. | 1207.5 | 1380. | 1552.5 | 1725. |
| 47 | 705. | 881.3 | 1057.5 | 1233.8 | 1410. | 1586.3 | 1762.5 |
| 48 | 720. | 900. | 1080. | 1260. | 1440. | 1620. | 1800. |
| 49 | 735. | 918.8 | 1102.5 | 1286.3 | 1470. | 1653.8 | 1837.5 |
| 50 | 750. | 937.5 | 1125. | 1312.5 | 1500. | 1687.5 | 1875. |

$1\frac{1}{4}$" x 18"

| Pcs. | 8 Ft. | 10 Ft. | 12 Ft. | 14 Ft. | 16 Ft. | 18 Ft. | 20 Ft. |
|---|---|---|---|---|---|---|---|
| 100 | 1500 | 1875 | 2250 | 2625 | 3000 | 3375 | 3750 |
| 200 | 3000 | 3750 | 4500 | 5250 | 6000 | 6750 | 7500 |
| 300 | 4500 | 5625 | 6750 | 7875 | 9000 | 10125 | 11250 |
| 400 | 6000 | 7500 | 9000 | 10500 | 12000 | 13500 | 15000 |
| 500 | 7500 | 9375 | 11250 | 13125 | 15000 | 16875 | 18750 |
| 600 | 9000 | 11250 | 13500 | 15750 | 18000 | 20250 | 22500 |
| 700 | 10500 | 13125 | 15750 | 18375 | 21000 | 23625 | 26250 |
| 800 | 12000 | 15000 | 18000 | 21000 | 24000 | 27000 | 30000 |
| 900 | 13500 | 16875 | 20250 | 23625 | 27000 | 30375 | 33750 |
| 1000 | 15000 | 18750 | 22500 | 26250 | 30000 | 33750 | 37500 |

## 1½" x 4"

| Pcs. | 8 Ft. | 10 Ft. | 12 Ft. | 14 Ft. | 16 Ft. | 18 Ft. | 20 Ft. |
|---|---|---|---|---|---|---|---|
| 1 | 4 | 5 | 6 | 7 | 8 | 9 | 10 |
| 2 | 8 | 10 | 12 | 14 | 16 | 18 | 20 |
| 3 | 12 | 15 | 18 | 21 | 24 | 27 | 30 |
| 4 | 16 | 20 | 24 | 28 | 32 | 36 | 40 |
| 5 | 20 | 25 | 30 | 35 | 40 | 45 | 50 |
| 6 | 24 | 30 | 36 | 42 | 48 | 54 | 60 |
| 7 | 28 | 35 | 42 | 49 | 56 | 63 | 70 |
| 8 | 32 | 40 | 48 | 56 | 64 | 72 | 80 |
| 9 | 36 | 45 | 54 | 63 | 72 | 81 | 90 |
| 10 | 40 | 50 | 60 | 70 | 80 | 90 | 100 |
| 11 | 44 | 55 | 66 | 77 | 88 | 99 | 110 |
| 12 | 48 | 60 | 72 | 84 | 96 | 108 | 120 |
| 13 | 52 | 65 | 78 | 91 | 104 | 117 | 130 |
| 14 | 56 | 70 | 84 | 98 | 112 | 126 | 140 |
| 15 | 60 | 75 | 90 | 105 | 120 | 135 | 150 |
| 16 | 64 | 80 | 96 | 112 | 128 | 144 | 160 |
| 17 | 68 | 85 | 102 | 119 | 136 | 153 | 170 |
| 18 | 72 | 90 | 108 | 126 | 144 | 162 | 180 |
| 19 | 76 | 95 | 114 | 133 | 152 | 171 | 190 |
| 20 | 80 | 100 | 120 | 140 | 160 | 180 | 200 |
| 21 | 84 | 105 | 126 | 147 | 168 | 189 | 210 |
| 22 | 88 | 110 | 132 | 154 | 176 | 198 | 220 |
| 23 | 92 | 115 | 138 | 161 | 184 | 207 | 230 |
| 24 | 96 | 120 | 144 | 168 | 192 | 216 | 240 |
| 25 | 100 | 125 | 150 | 175 | 200 | 225 | 250 |
| 26 | 104 | 130 | 156 | 182 | 208 | 234 | 260 |
| 27 | 108 | 135 | 162 | 189 | 216 | 243 | 270 |
| 28 | 112 | 140 | 168 | 196 | 224 | 252 | 280 |
| 29 | 116 | 145 | 174 | 203 | 232 | 261 | 290 |
| 30 | 120 | 150 | 180 | 210 | 240 | 270 | 300 |
| 31 | 124 | 155 | 186 | 217 | 248 | 279 | 310 |
| 32 | 128 | 160 | 192 | 224 | 256 | 288 | 320 |
| 33 | 132 | 165 | 198 | 231 | 264 | 297 | 330 |
| 34 | 136 | 170 | 204 | 238 | 272 | 306 | 340 |
| 35 | 140 | 175 | 210 | 245 | 280 | 315 | 350 |
| 36 | 144 | 180 | 216 | 252 | 288 | 324 | 360 |
| 37 | 148 | 185 | 222 | 259 | 296 | 333 | 370 |
| 38 | 152 | 190 | 228 | 266 | 304 | 342 | 380 |
| 39 | 156 | 195 | 234 | 273 | 312 | 251 | 390 |
| 40 | 160 | 200 | 240 | 280 | 320 | 360 | 400 |
| 41 | 164 | 205 | 246 | 287 | 328 | 369 | 410 |
| 42 | 168 | 210 | 252 | 294 | 336 | 378 | 420 |
| 43 | 172 | 215 | 258 | 301 | 344 | 387 | 430 |
| 44 | 176 | 220 | 264 | 308 | 352 | 396 | 440 |
| 45 | 180 | 225 | 270 | 315 | 360 | 405 | 450 |
| 46 | 184 | 230 | 276 | 322 | 368 | 414 | 460 |
| 47 | 188 | 235 | 282 | 329 | 376 | 423 | 470 |
| 48 | 192 | 240 | 288 | 336 | 384 | 432 | 480 |
| 49 | 196 | 245 | 294 | 343 | 392 | 441 | 490 |
| 50 | 200 | 250 | 300 | 350 | 400 | 450 | 500 |

## 1½" x 4"

| Pcs. | 8 Ft. | 10 Ft. | 12 Ft. | 14 Ft. | 16 Ft. | 18 Ft. | 20 Ft. |
|---|---|---|---|---|---|---|---|
| 51 | 204 | 255 | 306 | 357 | 408 | 459 | 510 |
| 52 | 208 | 260 | 312 | 364 | 416 | 468 | 520 |
| 53 | 212 | 265 | 318 | 371 | 424 | 477 | 530 |
| 54 | 216 | 270 | 324 | 378 | 432 | 486 | 540 |
| 55 | 220 | 275 | 330 | 385 | 440 | 495 | 550 |
| 56 | 224 | 280 | 336 | 392 | 448 | 504 | 560 |
| 57 | 228 | 285 | 342 | 399 | 456 | 513 | 570 |
| 58 | 232 | 290 | 348 | 406 | 464 | 522 | 580 |
| 59 | 236 | 295 | 354 | 413 | 472 | 531 | 590 |
| 60 | 240 | 300 | 360 | 420 | 480 | 540 | 600 |
| 61 | 244 | 305 | 366 | 427 | 488 | 549 | 610 |
| 62 | 248 | 310 | 372 | 434 | 496 | 558 | 620 |
| 63 | 252 | 315 | 378 | 441 | 504 | 567 | 630 |
| 64 | 256 | 320 | 384 | 448 | 512 | 576 | 640 |
| 65 | 260 | 325 | 390 | 455 | 520 | 585 | 650 |
| 66 | 264 | 330 | 396 | 462 | 528 | 594 | 660 |
| 67 | 268 | 335 | 402 | 469 | 536 | 603 | 670 |
| 68 | 272 | 340 | 408 | 476 | 544 | 612 | 680 |
| 69 | 276 | 345 | 414 | 483 | 552 | 621 | 690 |
| 70 | 280 | 350 | 420 | 490 | 560 | 630 | 700 |
| 71 | 284 | 355 | 426 | 497 | 568 | 639 | 710 |
| 72 | 288 | 360 | 432 | 504 | 576 | 648 | 720 |
| 73 | 292 | 365 | 438 | 511 | 584 | 657 | 730 |
| 74 | 296 | 370 | 444 | 518 | 592 | 666 | 740 |
| 75 | 300 | 375 | 450 | 525 | 600 | 675 | 750 |
| 76 | 304 | 380 | 456 | 532 | 608 | 684 | 760 |
| 77 | 308 | 385 | 462 | 539 | 616 | 693 | 770 |
| 78 | 312 | 390 | 468 | 546 | 624 | 702 | 780 |
| 79 | 316 | 395 | 474 | 553 | 632 | 711 | 790 |
| 80 | 320 | 400 | 480 | 560 | 640 | 720 | 800 |
| 81 | 324 | 405 | 486 | 567 | 648 | 729 | 810 |
| 82 | 328 | 410 | 492 | 574 | 656 | 738 | 820 |
| 83 | 332 | 415 | 498 | 581 | 664 | 747 | 830 |
| 84 | 336 | 420 | 504 | 588 | 672 | 756 | 840 |
| 85 | 340 | 425 | 510 | 595 | 680 | 765 | 850 |
| 86 | 344 | 430 | 516 | 602 | 688 | 774 | 860 |
| 87 | 348 | 435 | 522 | 609 | 696 | 783 | 870 |
| 88 | 352 | 440 | 528 | 616 | 704 | 792 | 880 |
| 89 | 356 | 445 | 534 | 623 | 712 | 801 | 890 |
| 90 | 360 | 450 | 540 | 630 | 720 | 810 | 900 |
| 91 | 364 | 455 | 546 | 637 | 728 | 819 | 910 |
| 92 | 368 | 460 | 552 | 644 | 736 | 828 | 920 |
| 93 | 372 | 465 | 558 | 651 | 744 | 837 | 930 |
| 94 | 376 | 470 | 564 | 658 | 752 | 846 | 940 |
| 95 | 380 | 475 | 570 | 665 | 760 | 855 | 950 |
| 96 | 384 | 480 | 576 | 672 | 768 | 864 | 960 |
| 97 | 388 | 485 | 582 | 679 | 776 | 873 | 970 |
| 98 | 392 | 490 | 588 | 686 | 784 | 882 | 980 |
| 99 | 396 | 495 | 594 | 693 | 792 | 891 | 990 |
| 100 | 400 | 500 | 600 | 700 | 800 | 900 | 1000 |

## $1\frac{1}{2}$" x 4"

| Pcs. | 8 Ft. | 10 Ft. | 12 Ft. | 14 Ft. | 16 Ft. | 18 Ft. | 20 Ft. |
|---|---|---|---|---|---|---|---|
| 101 | 404 | 505 | 606 | 707 | 808 | 909 | 1010 |
| 102 | 408 | 510 | 612 | 714 | 816 | 918 | 1020 |
| 103 | 412 | 515 | 618 | 721 | 824 | 927 | 1030 |
| 104 | 416 | 520 | 624 | 728 | 832 | 936 | 1040 |
| 105 | 420 | 525 | 630 | 735 | 840 | 945 | 1050 |
| 106 | 424 | 530 | 636 | 742 | 848 | 954 | 1060 |
| 107 | 428 | 535 | 642 | 749 | 856 | 963 | 1070 |
| 108 | 432 | 540 | 648 | 756 | 864 | 972 | 1080 |
| 109 | 436 | 545 | 654 | 763 | 872 | 981 | 1090 |
| 110 | 440 | 550 | 660 | 770 | 880 | 990 | 1100 |
| 111 | 444 | 555 | 666 | 777 | 888 | 999 | 1110 |
| 112 | 448 | 560 | 672 | 784 | 896 | 1008 | 1120 |
| 113 | 452 | 565 | 678 | 791 | 904 | 1017 | 1130 |
| 114 | 456 | 570 | 684 | 798 | 912 | 1026 | 1140 |
| 115 | 460 | 575 | 690 | 805 | 920 | 1035 | 1150 |
| 116 | 464 | 580 | 696 | 812 | 928 | 1044 | 1160 |
| 117 | 468 | 585 | 702 | 819 | 936 | 1053 | 1170 |
| 118 | 472 | 590 | 708 | 826 | 944 | 1062 | 1180 |
| 119 | 476 | 595 | 714 | 833 | 952 | 1071 | 1190 |
| 120 | 480 | 600 | 720 | 840 | 960 | 1080 | 1200 |
| 121 | 484 | 605 | 726 | 847 | 968 | 1089 | 1210 |
| 122 | 488 | 610 | 732 | 854 | 976 | 1098 | 1220 |
| 123 | 492 | 615 | 738 | 861 | 984 | 1107 | 1230 |
| 124 | 496 | 620 | 744 | 868 | 992 | 1116 | 1240 |
| 125 | 500 | 625 | 750 | 875 | 1000 | 1125 | 1250 |
| 126 | 504 | 630 | 756 | 882 | 1008 | 1134 | 1260 |
| 127 | 508 | 635 | 762 | 889 | 1016 | 1143 | 1270 |
| 128 | 512 | 640 | 768 | 896 | 1024 | 1152 | 1280 |
| 129 | 516 | 645 | 774 | 903 | 1032 | 1161 | 1290 |
| 130 | 520 | 650 | 780 | 910 | 1040 | 1170 | 1300 |
| 131 | 524 | 655 | 786 | 917 | 1048 | 1179 | 1310 |
| 132 | 528 | 660 | 792 | 924 | 1056 | 1188 | 1320 |
| 133 | 532 | 665 | 798 | 931 | 1064 | 1197 | 1330 |
| 134 | 536 | 670 | 804 | 938 | 1072 | 1206 | 1340 |
| 135 | 540 | 675 | 810 | 945 | 1080 | 1215 | 1350 |
| 136 | 544 | 680 | 816 | 952 | 1088 | 1224 | 1360 |
| 137 | 548 | 685 | 822 | 959 | 1096 | 1233 | 1370 |
| 138 | 552 | 690 | 828 | 966 | 1104 | 1242 | 1380 |
| 139 | 556 | 695 | 834 | 973 | 1112 | 1251 | 1390 |
| 140 | 560 | 700 | 840 | 980 | 1120 | 1260 | 1400 |
| 141 | 564 | 705 | 846 | 987 | 1128 | 1269 | 1410 |
| 142 | 568 | 710 | 852 | 994 | 1136 | 1278 | 1420 |
| 143 | 572 | 715 | 858 | 1001 | 1144 | 1287 | 1430 |
| 144 | 576 | 720 | 864 | 1008 | 1152 | 1296 | 1440 |
| 145 | 580 | 725 | 870 | 1015 | 1160 | 1305 | 1450 |
| 146 | 584 | 730 | 876 | 1022 | 1168 | 1314 | 1460 |
| 147 | 588 | 735 | 882 | 1029 | 1176 | 1323 | 1470 |
| 148 | 592 | 740 | 888 | 1036 | 1184 | 1332 | 1480 |
| 149 | 596 | 745 | 894 | 1043 | 1192 | 1341 | 1490 |
| 150 | 600 | 750 | 900 | 1050 | 1200 | 1350 | 1500 |

## 1½" x 4"

| Pcs. | 8 Ft. | 10 Ft. | 12 Ft. | 14 Ft. | 16 Ft. | 18 Ft. | 20 Ft. |
|---|---|---|---|---|---|---|---|
| 151 | 604 | 755 | 906 | 1057 | 1208 | 1359 | 1510 |
| 152 | 608 | 760 | 912 | 1064 | 1216 | 1368 | 1520 |
| 153 | 612 | 765 | 918 | 1071 | 1224 | 1377 | 1530 |
| 154 | 616 | 770 | 924 | 1078 | 1232 | 1386 | 1540 |
| 155 | 620 | 775 | 930 | 1085 | 1240 | 1395 | 1550 |
| 156 | 624 | 780 | 936 | 1092 | 1248 | 1404 | 1560 |
| 157 | 628 | 785 | 942 | 1099 | 1256 | 1413 | 1570 |
| 158 | 632 | 790 | 948 | 1106 | 1264 | 1422 | 1580 |
| 159 | 636 | 795 | 954 | 1113 | 1272 | 1431 | 1590 |
| 160 | 640 | 800 | 960 | 1120 | 1280 | 1440 | 1600 |
| 161 | 644 | 805 | 966 | 1127 | 1288 | 1449 | 1610 |
| 162 | 648 | 810 | 972 | 1134 | 1296 | 1458 | 1620 |
| 163 | 652 | 815 | 978 | 1141 | 1304 | 1467 | 1630 |
| 164 | 656 | 820 | 984 | 1148 | 1312 | 1476 | 1640 |
| 165 | 660 | 825 | 990 | 1155 | 1320 | 1485 | 1650 |
| 166 | 664 | 830 | 996 | 1162 | 1328 | 1494 | 1660 |
| 167 | 668 | 835 | 1002 | 1169 | 1336 | 1503 | 1670 |
| 168 | 672 | 840 | 1008 | 1176 | 1344 | 1512 | 1680 |
| 169 | 676 | 845 | 1014 | 1183 | 1352 | 1521 | 1690 |
| 170 | 680 | 850 | 1020 | 1190 | 1360 | 1530 | 1700 |
| 171 | 684 | 855 | 1026 | 1197 | 1368 | 1539 | 1710 |
| 172 | 688 | 860 | 1032 | 1204 | 1376 | 1548 | 1720 |
| 173 | 692 | 865 | 1038 | 1211 | 1384 | 1557 | 1730 |
| 174 | 696 | 870 | 1044 | 1218 | 1392 | 1566 | 1740 |
| 175 | 700 | 875 | 1050 | 1225 | 1400 | 1575 | 1750 |
| 176 | 704 | 880 | 1056 | 1232 | 1408 | 1584 | 1760 |
| 177 | 708 | 885 | 1062 | 1239 | 1416 | 1593 | 1770 |
| 178 | 712 | 890 | 1068 | 1246 | 1424 | 1602 | 1780 |
| 179 | 716 | 895 | 1074 | 1253 | 1432 | 1611 | 1790 |
| 180 | 720 | 900 | 1080 | 1260 | 1440 | 1620 | 1800 |
| 181 | 724 | 905 | 1086 | 1267 | 1448 | 1629 | 1810 |
| 182 | 728 | 910 | 1092 | 1274 | 1456 | 1638 | 1820 |
| 183 | 732 | 915 | 1098 | 1281 | 1464 | 1647 | 1830 |
| 184 | 736 | 920 | 1104 | 1288 | 1472 | 1656 | 1840 |
| 185 | 740 | 925 | 1110 | 1295 | 1480 | 1665 | 1850 |
| 186 | 744 | 930 | 1116 | 1302 | 1488 | 1674 | 1860 |
| 187 | 748 | 935 | 1122 | 1309 | 1496 | 1683 | 1870 |
| 188 | 752 | 940 | 1128 | 1316 | 1504 | 1692 | 1880 |
| 189 | 756 | 945 | 1134 | 1323 | 1512 | 1701 | 1890 |
| 190 | 760 | 950 | 1140 | 1330 | 1520 | 1710 | 1900 |
| 191 | 764 | 955 | 1146 | 1337 | 1528 | 1719 | 1910 |
| 192 | 768 | 960 | 1152 | 1344 | 1536 | 1728 | 1920 |
| 193 | 772 | 965 | 1158 | 1351 | 1544 | 1737 | 1930 |
| 194 | 776 | 970 | 1164 | 1358 | 1552 | 1746 | 1940 |
| 195 | 780 | 975 | 1170 | 1365 | 1560 | 1755 | 1950 |
| 196 | 784 | 980 | 1176 | 1372 | 1568 | 1764 | 1960 |
| 197 | 788 | 985 | 1182 | 1379 | 1576 | 1773 | 1970 |
| 198 | 792 | 990 | 1188 | 1386 | 1584 | 1782 | 1980 |
| 199 | 796 | 995 | 1194 | 1393 | 1592 | 1791 | 1990 |
| 200 | 800 | 1000 | 1200 | 1400 | 1600 | 1800 | 2000 |

$1\frac{1}{2}" \times 4"$

| Pcs. | 8 Ft. | 10 Ft. | 12 Ft. | 14 Ft. | 16 Ft. | 18 Ft. | 20 Ft. |
|---|---|---|---|---|---|---|---|
| 300 | 1200 | 1500 | 1800 | 2100 | 2400 | 2700 | 3000 |
| 400 | 1600 | 2000 | 2400 | 2800 | 3200 | 3600 | 4000 |
| 500 | 2000 | 2500 | 3000 | 3500 | 4000 | 4500 | 5000 |
| 600 | 2400 | 3000 | 3600 | 4200 | 4800 | 5400 | 6000 |
| 700 | 2800 | 3500 | 4200 | 4900 | 5600 | 6300 | 7000 |
| 800 | 3200 | 4000 | 4800 | 5600 | 6400 | 7200 | 8000 |
| 900 | 3600 | 4500 | 5400 | 6300 | 7200 | 8100 | 9000 |
| 1000 | 4000 | 5000 | 6000 | 7000 | 8000 | 9000 | 10000 |

## 1½" x 6"

| Pcs. | 8 Ft. | 10 Ft. | 12 Ft. | 14 Ft. | 16 Ft. | 18 Ft. | 20 Ft. |
|---|---|---|---|---|---|---|---|
| 1 | 6. | 7.5 | 9. | 10.5 | 12. | 13.5 | 15. |
| 2 | 12. | 15. | 18. | 21. | 24. | 27. | 30. |
| 3 | 18. | 22.5 | 27. | 31.5 | 36. | 40.5 | 45. |
| 4 | 24. | 30. | 36. | 42. | 48. | 54. | 60. |
| 5 | 30. | 37.5 | 45. | 52.5 | 60. | 67.5 | 75. |
| 6 | 36. | 45. | 54. | 63. | 72. | 81. | 90. |
| 7 | 42. | 52.5 | 63. | 73.5 | 84. | 94.5 | 105. |
| 8 | 48. | 60. | 72. | 84. | 96. | 108. | 120. |
| 9 | 54. | 67.5 | 81. | 94.5 | 108. | 121.5 | 135. |
| 10 | 60. | 75. | 90. | 105. | 120. | 135. | 150. |
| 11 | 66. | 82.5 | 99. | 115.5 | 132. | 148.5 | 165. |
| 12 | 72. | 90. | 108. | 126. | 144. | 162. | 180. |
| 13 | 78. | 97.5 | 117. | 136.5 | 156. | 175.5 | 195. |
| 14 | 84. | 105. | 126. | 147. | 168. | 189. | 210. |
| 15 | 90. | 112.5 | 135. | 157.5 | 180. | 202.5 | 225. |
| 16 | 96. | 120. | 144. | 168. | 192. | 216. | 240. |
| 17 | 102. | 127.5 | 153. | 178.5 | 204. | 229.5 | 255. |
| 18 | 108. | 135. | 162. | 189. | 216. | 243. | 270. |
| 19 | 114. | 142.5 | 171. | 199.5 | 228. | 256.5 | 285. |
| 20 | 120. | 150. | 180. | 210. | 240. | 270. | 300. |
| 21 | 126. | 157.5 | 189. | 220.5 | 252. | 283.5 | 315. |
| 22 | 132. | 165. | 198. | 231. | 264. | 297. | 330. |
| 23 | 138. | 172.5 | 207. | 241.5 | 276. | 310.5 | 345. |
| 24 | 144. | 180. | 216. | 252. | 288. | 324. | 360. |
| 25 | 150. | 187.5 | 225. | 262.5 | 300. | 337.5 | 375. |
| 26 | 156. | 195. | 234. | 273. | 312. | 351. | 390. |
| 27 | 162. | 202.5 | 243. | 283.5 | 324. | 364.5 | 405. |
| 28 | 168. | 210. | 252. | 294. | 336. | 378. | 420. |
| 29 | 174. | 217.5 | 261. | 304.5 | 348. | 391.5 | 435. |
| 30 | 180. | 225. | 270. | 315. | 360. | 405. | 450. |
| 31 | 186. | 232.5 | 279. | 325.5 | 372. | 418.5 | 465. |
| 32 | 192. | 240. | 288. | 336. | 384. | 432. | 480. |
| 33 | 198. | 247.5 | 297. | 346.5 | 396. | 445.5 | 495. |
| 34 | 204. | 255. | 306. | 357. | 408. | 459. | 510. |
| 35 | 210. | 262.5 | 315. | 367.5 | 420. | 472.5 | 525. |
| 36 | 216. | 270. | 324. | 378. | 432. | 486. | 540. |
| 37 | 222. | 277.5 | 333. | 388.5 | 444. | 499.5 | 555. |
| 38 | 228. | 285. | 342. | 399. | 456. | 513. | 570. |
| 39 | 234. | 292.5 | 351. | 409.5 | 468. | 526.5 | 585. |
| 40 | 240. | 300. | 360. | 420. | 480. | 540. | 600. |
| 41 | 246. | 307.5 | 369. | 430.5 | 492. | 553.5 | 615. |
| 42 | 252. | 315. | 378. | 441. | 504. | 567. | 630. |
| 43 | 258. | 322.5 | 387. | 451.5 | 516. | 580.5 | 645. |
| 44 | 264. | 330. | 396. | 462. | 528. | 594. | 660. |
| 45 | 270. | 337.5 | 405. | 472.5 | 540. | 607.5 | 675. |
| 46 | 276. | 345. | 414. | 483. | 552. | 621. | 690. |
| 47 | 282. | 352.5 | 423. | 493.5 | 564. | 634.5 | 705. |
| 48 | 288. | 360. | 432. | 504. | 576. | 648. | 720. |
| 49 | 294. | 367.5 | 441. | 514.5 | 588. | 661.5 | 735. |
| 50 | 300. | 375. | 450. | 525. | 600. | 675. | 750. |

## 1½" x 6"

| Pcs. | 8 Ft. | 10 Ft. | 12 Ft. | 14 Ft. | 16 Ft. | 18 Ft. | 20 Ft. |
|---|---|---|---|---|---|---|---|
| 100 | 600 | 750 | 900 | 1050 | 1200 | 1350 | 1500 |
| 200 | 1200 | 1500 | 1800 | 2100 | 2400 | 2700 | 3000 |
| 300 | 1800 | 2250 | 2700 | 3150 | 3600 | 4050 | 4500 |
| 400 | 2400 | 3000 | 3600 | 4200 | 4800 | 5400 | 6000 |
| 500 | 3000 | 3750 | 4500 | 5250 | 6000 | 6750 | 7500 |
| 600 | 3600 | 4500 | 5400 | 6300 | 7200 | 8100 | 9000 |
| 700 | 4200 | 5250 | 6300 | 7350 | 8400 | 9450 | 10500 |
| 800 | 4800 | 6000 | 7200 | 8400 | 9600 | 10800 | 12000 |
| 900 | 5400 | 6750 | 8100 | 9450 | 10800 | 12150 | 13500 |
| 1000 | 6000 | 7500 | 9000 | 10500 | 12000 | 13500 | 15000 |

## 1½" x 8"

| Pcs. | 8 Ft. | 10 Ft. | 12 Ft. | 14 Ft. | 16 Ft. | 18 Ft. | 20 Ft. | 22 Ft. |
|---|---|---|---|---|---|---|---|---|
| 1 | 8 | 10 | 12 | 14 | 16 | 18 | 20 | 22 |
| 2 | 16 | 20 | 24 | 28 | 32 | 36 | 40 | 44 |
| 3 | 24 | 30 | 36 | 42 | 48 | 54 | 60 | 66 |
| 4 | 32 | 40 | 48 | 56 | 64 | 72 | 80 | 88 |
| 5 | 40 | 50 | 60 | 70 | 80 | 90 | 100 | 110 |
| 6 | 48 | 60 | 72 | 84 | 96 | 108 | 120 | 132 |
| 7 | 56 | 70 | 84 | 98 | 112 | 126 | 140 | 154 |
| 8 | 64 | 80 | 96 | 112 | 128 | 144 | 160 | 176 |
| 9 | 72 | 90 | 108 | 126 | 144 | 162 | 180 | 198 |
| 10 | 80 | 100 | 120 | 140 | 160 | 180 | 200 | 220 |
| 11 | 88 | 110 | 132 | 154 | 176 | 198 | 220 | 242 |
| 12 | 96 | 120 | 144 | 168 | 192 | 216 | 240 | 264 |
| 13 | 104 | 130 | 156 | 182 | 208 | 234 | 260 | 286 |
| 14 | 112 | 140 | 168 | 196 | 224 | 252 | 280 | 308 |
| 15 | 120 | 150 | 180 | 210 | 240 | 270 | 300 | 330 |
| 16 | 128 | 160 | 192 | 224 | 256 | 288 | 320 | 352 |
| 17 | 136 | 170 | 204 | 238 | 272 | 306 | 340 | 374 |
| 18 | 144 | 180 | 216 | 252 | 288 | 324 | 360 | 396 |
| 19 | 152 | 190 | 228 | 266 | 304 | 342 | 380 | 418 |
| 20 | 160 | 200 | 240 | 280 | 320 | 360 | 400 | 440 |
| 21 | 168 | 210 | 252 | 294 | 336 | 378 | 420 | 462 |
| 22 | 176 | 220 | 264 | 308 | 352 | 396 | 440 | 484 |
| 23 | 184 | 230 | 276 | 322 | 368 | 414 | 460 | 506 |
| 24 | 192 | 240 | 288 | 336 | 384 | 432 | 480 | 528 |
| 25 | 200 | 250 | 300 | 350 | 400 | 450 | 500 | 550 |
| 26 | 208 | 260 | 312 | 364 | 416 | 468 | 520 | 572 |
| 27 | 216 | 270 | 324 | 378 | 432 | 486 | 540 | 594 |
| 28 | 224 | 280 | 336 | 392 | 448 | 504 | 560 | 616 |
| 29 | 232 | 290 | 348 | 406 | 464 | 522 | 580 | 638 |
| 30 | 240 | 300 | 360 | 420 | 480 | 540 | 600 | 660 |
| 31 | 248 | 310 | 372 | 434 | 496 | 558 | 620 | 682 |
| 32 | 256 | 320 | 384 | 448 | 512 | 576 | 640 | 704 |
| 33 | 264 | 330 | 396 | 462 | 528 | 594 | 660 | 726 |
| 34 | 272 | 340 | 408 | 476 | 544 | 612 | 680 | 748 |
| 35 | 280 | 350 | 420 | 490 | 560 | 630 | 700 | 770 |
| 36 | 288 | 360 | 432 | 504 | 576 | 648 | 720 | 792 |
| 37 | 296 | 370 | 444 | 518 | 592 | 666 | 740 | 814 |
| 38 | 304 | 380 | 456 | 532 | 608 | 684 | 760 | 836 |
| 39 | 312 | 390 | 468 | 546 | 624 | 702 | 780 | 858 |
| 40 | 320 | 400 | 480 | 560 | 640 | 720 | 800 | 880 |
| 41 | 328 | 410 | 492 | 574 | 656 | 738 | 820 | 902 |
| 42 | 336 | 420 | 504 | 588 | 672 | 756 | 840 | 924 |
| 43 | 344 | 430 | 516 | 602 | 688 | 774 | 860 | 946 |
| 44 | 352 | 440 | 528 | 616 | 704 | 792 | 880 | 968 |
| 45 | 360 | 450 | 540 | 630 | 720 | 810 | 900 | 990 |
| 46 | 368 | 460 | 552 | 644 | 736 | 828 | 920 | 1012 |
| 47 | 376 | 470 | 564 | 658 | 752 | 846 | 940 | 1034 |
| 48 | 384 | 480 | 576 | 672 | 768 | 864 | 960 | 1056 |
| 49 | 392 | 490 | 588 | 686 | 784 | 882 | 980 | 1078 |
| 50 | 400 | 500 | 600 | 700 | 800 | 900 | 1000 | 1100 |

1½" x 8"

| Pcs. | 8 Ft. | 10 Ft. | 12 Ft. | 14 Ft. | 16 Ft. | 18 Ft. | 20 Ft. | 22 Ft. |
|---|---|---|---|---|---|---|---|---|
| 51 | 408 | 510 | 612 | 714 | 816 | 918 | 1020 | 1122 |
| 52 | 416 | 520 | 624 | 728 | 832 | 936 | 1040 | 1144 |
| 53 | 424 | 530 | 636 | 742 | 848 | 954 | 1060 | 1166 |
| 54 | 432 | 540 | 648 | 756 | 864 | 972 | 1080 | 1188 |
| 55 | 440 | 550 | 660 | 770 | 880 | 990 | 1100 | 1210 |
| 56 | 448 | 560 | 672 | 784 | 896 | 1008 | 1120 | 1232 |
| 57 | 456 | 570 | 684 | 798 | 912 | 1026 | 1140 | 1254 |
| 58 | 464 | 580 | 696 | 812 | 928 | 1044 | 1160 | 1276 |
| 59 | 472 | 590 | 708 | 826 | 944 | 1062 | 1180 | 1298 |
| 60 | 480 | 600 | 720 | 840 | 960 | 1080 | 1200 | 1320 |
| 61 | 488 | 610 | 732 | 854 | 976 | 1098 | 1220 | 1342 |
| 62 | 496 | 620 | 744 | 868 | 992 | 1116 | 1240 | 1364 |
| 63 | 504 | 630 | 756 | 882 | 1008 | 1134 | 1260 | 1386 |
| 64 | 512 | 640 | 768 | 896 | 1024 | 1152 | 1280 | 1408 |
| 65 | 520 | 650 | 780 | 910 | 1040 | 1170 | 1300 | 1430 |
| 66 | 528 | 660 | 792 | 924 | 1056 | 1188 | 1320 | 1452 |
| 67 | 536 | 670 | 804 | 938 | 1072 | 1206 | 1340 | 1474 |
| 68 | 544 | 680 | 816 | 952 | 1088 | 1224 | 1360 | 1496 |
| 69 | 552 | 690 | 828 | 966 | 1104 | 1242 | 1380 | 1518 |
| 70 | 560 | 700 | 840 | 980 | 1120 | 1260 | 1400 | 1540 |
| 71 | 568 | 710 | 852 | 994 | 1136 | 1278 | 1420 | 1562 |
| 72 | 576 | 720 | 864 | 1008 | 1152 | 1296 | 1440 | 1584 |
| 73 | 584 | 730 | 876 | 1022 | 1168 | 1314 | 1460 | 1606 |
| 74 | 592 | 740 | 888 | 1036 | 1184 | 1332 | 1480 | 1628 |
| 75 | 600 | 750 | 900 | 1050 | 1200 | 1350 | 1500 | 1650 |
| 76 | 608 | 760 | 912 | 1064 | 1216 | 1368 | 1520 | 1672 |
| 77 | 616 | 770 | 924 | 1078 | 1232 | 1386 | 1540 | 1694 |
| 78 | 624 | 780 | 936 | 1092 | 1248 | 1404 | 1560 | 1716 |
| 79 | 632 | 790 | 948 | 1106 | 1264 | 1422 | 1580 | 1738 |
| 80 | 640 | 800 | 960 | 1120 | 1280 | 1440 | 1600 | 1760 |
| 81 | 648 | 810 | 972 | 1134 | 1296 | 1458 | 1620 | 1782 |
| 82 | 656 | 820 | 984 | 1148 | 1312 | 1476 | 1640 | 1804 |
| 83 | 664 | 830 | 996 | 1162 | 1328 | 1494 | 1660 | 1826 |
| 84 | 672 | 840 | 1008 | 1176 | 1344 | 1512 | 1680 | 1848 |
| 85 | 680 | 850 | 1020 | 1190 | 1360 | 1530 | 1700 | 1870 |
| 86 | 688 | 860 | 1032 | 1204 | 1376 | 1548 | 1720 | 1892 |
| 87 | 696 | 870 | 1044 | 1218 | 1392 | 1566 | 1740 | 1914 |
| 88 | 704 | 880 | 1056 | 1232 | 1408 | 1584 | 1760 | 1936 |
| 89 | 712 | 890 | 1068 | 1246 | 1424 | 1602 | 1780 | 1958 |
| 90 | 720 | 900 | 1080 | 1260 | 1440 | 1620 | 1800 | 1980 |
| 91 | 728 | 910 | 1092 | 1274 | 1456 | 1638 | 1820 | 2002 |
| 92 | 736 | 920 | 1104 | 1288 | 1472 | 1656 | 1840 | 2024 |
| 93 | 744 | 930 | 1116 | 1302 | 1488 | 1674 | 1860 | 2046 |
| 94 | 952 | 940 | 1128 | 1316 | 1504 | 1692 | 1880 | 2068 |
| 95 | 760 | 950 | 1140 | 1330 | 1520 | 1710 | 1900 | 2090 |
| 96 | 768 | 960 | 1152 | 1344 | 1536 | 1728 | 1920 | 2112 |
| 97 | 776 | 970 | 1164 | 1358 | 1552 | 1746 | 1940 | 2134 |
| 98 | 784 | 980 | 1176 | 1372 | 1568 | 1764 | 1960 | 2156 |
| 99 | 792 | 990 | 1188 | 1386 | 1584 | 1782 | 1980 | 2178 |
| 100 | 800 | 1000 | 1200 | 1400 | 1600 | 1800 | 2000 | 2200 |

## 1½" x 8"

| Pcs. | 8 Ft. | 10 Ft. | 12 Ft. | 14 Ft. | 16 Ft. | 18 Ft. | 20 Ft. | 22 Ft. |
|---|---|---|---|---|---|---|---|---|
| 200 | 1600 | 2000 | 2400 | 2800 | 3200 | 3600 | 4000 | 4400 |
| 300 | 2400 | 3000 | 3600 | 4200 | 4800 | 5400 | 6000 | 6600 |
| 400 | 3200 | 4000 | 4800 | 5600 | 6400 | 7200 | 8000 | 8800 |
| 500 | 4000 | 5000 | 6000 | 7000 | 8000 | 9000 | 10000 | 11000 |
| 600 | 4800 | 6000 | 7200 | 8400 | 9600 | 10800 | 12000 | 13200 |
| 700 | 5600 | 7000 | 8400 | 9800 | 11200 | 12600 | 14000 | 15400 |
| 800 | 6400 | 8000 | 9600 | 11200 | 12800 | 14400 | 16000 | 17600 |
| 900 | 7200 | 9000 | 10800 | 12600 | 14400 | 16200 | 18000 | 19800 |
| 1000 | 8000 | 10000 | 12000 | 14000 | 16000 | 18000 | 20000 | 22000 |

## $1\frac{1}{2}$" x 10"

| Pcs. | 8 Ft. | 10 Ft. | 12 Ft. | 14 Ft. | 16 Ft. | 18 Ft. | 20 Ft. |
|---|---|---|---|---|---|---|---|
| 1 | 10. | 12.5 | 15. | 17.5 | 20. | 22.5 | 25. |
| 2 | 20. | 25. | 30. | 35. | 40. | 45. | 50. |
| 3 | 30. | 37.5 | 45. | 52.5 | 60. | 67.5 | 75. |
| 4 | 40. | 50. | 60. | 70. | 80. | 90. | 100. |
| 5 | 50. | 62.5 | 75. | 87.5 | 100. | 112.5 | 125. |
| 6 | 60. | 75. | 90. | 105. | 120. | 135. | 150. |
| 7 | 70. | 87.5 | 105. | 122.5 | 140. | 157.5 | 175. |
| 8 | 80. | 100. | 120. | 140. | 160. | 180. | 200. |
| 9 | 90. | 112.5 | 135. | 157.5 | 180. | 202.5 | 225. |
| 10 | 100. | 125. | 150. | 175. | 200. | 225. | 250. |
| 11 | 110. | 137.5 | 165. | 192.5 | 220. | 247.5 | 275. |
| 12 | 120. | 150. | 180. | 210. | 240. | 270. | 300. |
| 13 | 130. | 162.5 | 195. | 227.5 | 260. | 292.5 | 325. |
| 14 | 140. | 175. | 210. | 245. | 280. | 315. | 350. |
| 15 | 150. | 187.5 | 225. | 262.5 | 300. | 337.5 | 375. |
| 16 | 160. | 200. | 240. | 280. | 320. | 360. | 400. |
| 17 | 170. | 212.5 | 255. | 297.5 | 340. | 382.5 | 425. |
| 18 | 180. | 225. | 270. | 315. | 360. | 405. | 450. |
| 19 | 190. | 237.5 | 285. | 332.5 | 380. | 427.5 | 475. |
| 20 | 200. | 250. | 300. | 350. | 400. | 450. | 500. |
| 21 | 210. | 262.5 | 315. | 367.5 | 420. | 472.5 | 525. |
| 22 | 220. | 275. | 330. | 385. | 440. | 495. | 550. |
| 23 | 230. | 287.5 | 345. | 402.5 | 460. | 517.5 | 575. |
| 24 | 240. | 300. | 360. | 420. | 480. | 540. | 600. |
| 25 | 250. | 312.5 | 375. | 437.5 | 500. | 562.5 | 625. |
| 26 | 260. | 325. | 390. | 455. | 520. | 585. | 650. |
| 27 | 270. | 337.5 | 405. | 472.5 | 540. | 607.5 | 675. |
| 28 | 280. | 350. | 420. | 490. | 560. | 630. | 700. |
| 29 | 290. | 362.5 | 435. | 507.5 | 580. | 652.5 | 725. |
| 30 | 300. | 375. | 450. | 525. | 600. | 675. | 750. |
| 31 | 310. | 387.5 | 465. | 542.5 | 620. | 697.5 | 775. |
| 32 | 320. | 400. | 480. | 560. | 640. | 720. | 800. |
| 33 | 330. | 412.5 | 495. | 577.5 | 660. | 742.5 | 825. |
| 34 | 340. | 425. | 510. | 595. | 680. | 765. | 850. |
| 35 | 350. | 437.5 | 525. | 612.5 | 700. | 787.5 | 875. |
| 36 | 360. | 450. | 540. | 630. | 720. | 810. | 900. |
| 37 | 370. | 462.5 | 555. | 647.5 | 740. | 832.5 | 925. |
| 38 | 380. | 475. | 570. | 665. | 760. | 855. | 950. |
| 39 | 390. | 487.5 | 585. | 682.5 | 780. | 877.5 | 975. |
| 40 | 400. | 500. | 600. | 700. | 800. | 900. | 1000. |
| 41 | 410. | 512.5 | 615. | 717.5 | 820. | 922.5 | 1025. |
| 42 | 420. | 525. | 630. | 735. | 840. | 945. | 1050. |
| 43 | 430. | 537.5 | 645. | 752.5 | 860. | 967.5 | 1075. |
| 44 | 440. | 550. | 660. | 770. | 880. | 990. | 1100. |
| 45 | 450. | 562.5 | 675. | 787.5 | 900. | 1012.5 | 1125. |
| 46 | 460. | 575. | 690. | 805. | 920. | 1035. | 1150. |
| 47 | 470. | 587.5 | 705. | 822.5 | 940. | 1057.5 | 1175. |
| 48 | 480. | 600. | 720. | 840. | 960. | 1080. | 1200. |
| 49 | 490. | 612.5 | 735. | 857.5 | 980. | 1102.5 | 1225. |
| 50 | 500. | 625. | 750. | 875. | 1000. | 1125. | 1250. |

## 1½" x 10"

| Pcs. | 8 Ft. | 10 Ft. | 12 Ft. | 14 Ft. | 16 Ft. | 18 Ft. | 20 Ft. |
|---|---|---|---|---|---|---|---|
| 100 | 1000 | 1250 | 1500 | 1750 | 2000 | 2250 | 2500 |
| 200 | 2000 | 2500 | 3000 | 3500 | 4000 | 4500 | 5000 |
| 300 | 3000 | 3750 | 4500 | 5250 | 6000 | 6750 | 7500 |
| 400 | 4000 | 5000 | 6000 | 7000 | 8000 | 9000 | 10000 |
| 500 | 5000 | 6250 | 7500 | 8750 | 10000 | 11250 | 12500 |
| 600 | 6000 | 7500 | 9000 | 10500 | 12000 | 13500 | 15000 |
| 700 | 7000 | 8750 | 10500 | 12250 | 14000 | 15750 | 17500 |
| 800 | 8000 | 10000 | 12000 | 14000 | 16000 | 18000 | 20000 |
| 900 | 9000 | 11250 | 13500 | 15750 | 18000 | 20250 | 22500 |
| 1000 | 10000 | 12500 | 15000 | 17500 | 20000 | 22500 | 25000 |

1½" x 12"

| Pcs. | 8 Ft. | 10 Ft. | 12 Ft. | 14 Ft. | 16 Ft. | 18 Ft. | 20 Ft. | 22 Ft. |
|---|---|---|---|---|---|---|---|---|
| 1 | 12 | 15 | 18 | 21 | 24 | 27 | 30 | 33 |
| 2 | 24 | 30 | 36 | 42 | 48 | 54 | 60 | 66 |
| 3 | 36 | 45 | 54 | 63 | 72 | 81 | 90 | 99 |
| 4 | 48 | 60 | 72 | 84 | 96 | 108 | 120 | 132 |
| 5 | 60 | 75 | 90 | 105 | 120 | 135 | 150 | 165 |
| 6 | 72 | 90 | 108 | 126 | 144 | 162 | 180 | 198 |
| 7 | 84 | 105 | 126 | 147 | 168 | 189 | 210 | 231 |
| 8 | 96 | 120 | 144 | 168 | 192 | 216 | 240 | 264 |
| 9 | 108 | 135 | 162 | 189 | 216 | 243 | 270 | 297 |
| 10 | 120 | 150 | 180 | 210 | 240 | 270 | 300 | 330 |
| 11 | 132 | 165 | 198 | 231 | 264 | 297 | 330 | 363 |
| 12 | 144 | 180 | 216 | 252 | 288 | 324 | 360 | 396 |
| 13 | 156 | 195 | 234 | 273 | 312 | 351 | 390 | 429 |
| 14 | 168 | 210 | 252 | 294 | 336 | 378 | 420 | 462 |
| 15 | 180 | 225 | 270 | 315 | 360 | 405 | 450 | 495 |
| 16 | 192 | 240 | 288 | 336 | 384 | 432 | 480 | 528 |
| 17 | 204 | 255 | 306 | 357 | 408 | 459 | 510 | 561 |
| 18 | 216 | 270 | 324 | 378 | 432 | 486 | 540 | 594 |
| 19 | 228 | 285 | 342 | 399 | 456 | 513 | 570 | 627 |
| 20 | 240 | 300 | 360 | 420 | 480 | 540 | 600 | 660 |
| 21 | 252 | 315 | 378 | 441 | 504 | 567 | 630 | 693 |
| 22 | 264 | 330 | 396 | 462 | 528 | 594 | 660 | 726 |
| 23 | 276 | 345 | 414 | 483 | 552 | 621 | 690 | 759 |
| 24 | 288 | 360 | 432 | 504 | 576 | 648 | 720 | 792 |
| 25 | 300 | 375 | 450 | 525 | 600 | 675 | 750 | 825 |
| 26 | 312 | 390 | 468 | 546 | 624 | 702 | 780 | 858 |
| 27 | 324 | 405 | 486 | 567 | 648 | 729 | 810 | 891 |
| 28 | 336 | 420 | 504 | 588 | 672 | 756 | 840 | 924 |
| 29 | 348 | 435 | 522 | 609 | 696 | 783 | 870 | 957 |
| 30 | 360 | 450 | 540 | 630 | 720 | 810 | 900 | 990 |
| 31 | 372 | 465 | 558 | 651 | 744 | 837 | 930 | 1023 |
| 32 | 384 | 480 | 576 | 672 | 768 | 864 | 960 | 1056 |
| 33 | 396 | 495 | 594 | 693 | 792 | 891 | 990 | 1089 |
| 34 | 408 | 510 | 612 | 714 | 816 | 918 | 1020 | 1122 |
| 35 | 420 | 525 | 630 | 735 | 840 | 945 | 1050 | 1155 |
| 36 | 432 | 540 | 648 | 756 | 864 | 972 | 1080 | 1188 |
| 37 | 444 | 555 | 666 | 777 | 888 | 999 | 1110 | 1221 |
| 38 | 456 | 570 | 684 | 798 | 912 | 1026 | 1140 | 1254 |
| 39 | 468 | 585 | 702 | 819 | 936 | 1053 | 1170 | 1287 |
| 40 | 480 | 600 | 720 | 840 | 960 | 1080 | 1200 | 1320 |
| 41 | 492 | 615 | 738 | 861 | 984 | 1107 | 1230 | 1353 |
| 42 | 504 | 630 | 756 | 882 | 1008 | 1134 | 1260 | 1386 |
| 43 | 516 | 645 | 774 | 903 | 1032 | 1161 | 1290 | 1419 |
| 44 | 528 | 660 | 792 | 924 | 1056 | 1188 | 1320 | 1452 |
| 45 | 540 | 675 | 810 | 945 | 1080 | 1215 | 1350 | 1485 |
| 46 | 552 | 690 | 828 | 966 | 1104 | 1242 | 1380 | 1518 |
| 47 | 564 | 705 | 846 | 987 | 1128 | 1269 | 1410 | 1551 |
| 48 | 576 | 720 | 864 | 1008 | 1152 | 1296 | 1440 | 1584 |
| 49 | 588 | 735 | 882 | 1029 | 1176 | 1323 | 1470 | 1617 |
| 50 | 600 | 750 | 900 | 1050 | 1200 | 1350 | 1500 | 1650 |

## 1½" x 12"

| Pcs. | 8 Ft. | 10 Ft. | 12 Ft. | 14 Ft. | 16 Ft. | 18 Ft. | 20 Ft. | 22 Ft. |
|---|---|---|---|---|---|---|---|---|
| 51 | 612 | 765 | 918 | 1071 | 1224 | 1377 | 1530 | 1683 |
| 52 | 624 | 780 | 936 | 1092 | 1248 | 1404 | 1560 | 1716 |
| 53 | 636 | 795 | 954 | 1113 | 1272 | 1431 | 1590 | 1749 |
| 54 | 648 | 810 | 972 | 1134 | 1296 | 1458 | 1620 | 1782 |
| 55 | 660 | 825 | 990 | 1155 | 1320 | 1485 | 1650 | 1815 |
| 56 | 672 | 840 | 1008 | 1176 | 1344 | 1512 | 1680 | 1848 |
| 57 | 684 | 855 | 1026 | 1197 | 1368 | 1539 | 1710 | 1881 |
| 58 | 696 | 870 | 1044 | 1218 | 1392 | 1566 | 1740 | 1914 |
| 59 | 708 | 885 | 1062 | 1239 | 1416 | 1593 | 1770 | 1947 |
| 60 | 720 | 900 | 1080 | 1260 | 1440 | 1620 | 1800 | 1980 |
| 61 | 732 | 915 | 1098 | 1281 | 1464 | 1647 | 1830 | 2013 |
| 62 | 744 | 930 | 1116 | 1302 | 1488 | 1674 | 1860 | 2046 |
| 63 | 756 | 945 | 1134 | 1323 | 1512 | 1701 | 1890 | 2079 |
| 64 | 768 | 960 | 1152 | 1344 | 1536 | 1728 | 1920 | 2112 |
| 65 | 780 | 975 | 1170 | 1365 | 1560 | 1755 | 1950 | 2145 |
| 66 | 792 | 990 | 1188 | 1386 | 1584 | 1782 | 1980 | 2178 |
| 67 | 804 | 1005 | 1206 | 1407 | 1608 | 1809 | 2010 | 2211 |
| 68 | 816 | 1020 | 1224 | 1428 | 1632 | 1836 | 2040 | 2244 |
| 69 | 828 | 1035 | 1242 | 1449 | 1656 | 1863 | 2070 | 2277 |
| 70 | 840 | 1050 | 1260 | 1470 | 1680 | 1890 | 2100 | 2310 |
| 71 | 852 | 1065 | 1278 | 1491 | 1704 | 1917 | 2130 | 2343 |
| 72 | 864 | 1080 | 1296 | 1512 | 1728 | 1944 | 2160 | 2376 |
| 73 | 876 | 1095 | 1314 | 1533 | 1752 | 1971 | 2190 | 2409 |
| 74 | 888 | 1110 | 1332 | 1554 | 1776 | 1998 | 2220 | 2442 |
| 75 | 900 | 1125 | 1350 | 1575 | 1800 | 2025 | 2250 | 2475 |
| 76 | 912 | 1140 | 1368 | 1596 | 1824 | 2052 | 2280 | 2508 |
| 77 | 924 | 1155 | 1386 | 1617 | 1848 | 2079 | 2310 | 2541 |
| 78 | 936 | 1170 | 1404 | 1638 | 1872 | 2106 | 2340 | 2574 |
| 79 | 948 | 1185 | 1422 | 1659 | 1896 | 2133 | 2370 | 2607 |
| 80 | 960 | 1200 | 1440 | 1680 | 1920 | 2160 | 2400 | 2640 |
| 81 | 972 | 1215 | 1458 | 1701 | 1944 | 2187 | 2430 | 2673 |
| 82 | 984 | 1230 | 1476 | 1722 | 1968 | 2214 | 2460 | 2706 |
| 83 | 996 | 1245 | 1494 | 1743 | 1992 | 2241 | 2490 | 2739 |
| 84 | 1008 | 1260 | 1512 | 1764 | 2016 | 2268 | 2520 | 2772 |
| 85 | 1020 | 1275 | 1530 | 1785 | 2040 | 2295 | 2550 | 2805 |
| 86 | 1032 | 1290 | 1548 | 1806 | 2064 | 2322 | 2580 | 2838 |
| 87 | 1044 | 1305 | 1566 | 1827 | 2088 | 2349 | 2610 | 2871 |
| 88 | 1056 | 1320 | 1584 | 1848 | 2112 | 2376 | 2640 | 2904 |
| 89 | 1068 | 1335 | 1602 | 1869 | 2136 | 2403 | 2670 | 2937 |
| 90 | 1080 | 1350 | 1620 | 1890 | 2160 | 2430 | 2700 | 2970 |
| 91 | 1092 | 1365 | 1638 | 1911 | 2184 | 2457 | 2730 | 3003 |
| 92 | 1104 | 1380 | 1656 | 1932 | 2208 | 2484 | 2760 | 3036 |
| 93 | 1116 | 1395 | 1674 | 1953 | 2232 | 2511 | 2790 | 3069 |
| 94 | 1128 | 1410 | 1692 | 1974 | 2256 | 2538 | 2820 | 3102 |
| 95 | 1140 | 1425 | 1710 | 1995 | 2280 | 2565 | 2850 | 3135 |
| 96 | 1152 | 1440 | 1728 | 2016 | 2304 | 2592 | 2880 | 3168 |
| 97 | 1164 | 1455 | 1746 | 2037 | 2328 | 2619 | 2910 | 3201 |
| 98 | 1176 | 1470 | 1764 | 2058 | 2352 | 2646 | 2940 | 3234 |
| 99 | 1188 | 1485 | 1782 | 2079 | 2376 | 2673 | 2970 | 3267 |
| 100 | 1200 | 1500 | 1800 | 2100 | 2400 | 2700 | 3000 | 3300 |

## 1½" x 12"

| Pcs. | 8 Ft. | 10 Ft. | 12 Ft. | 14 Ft. | 16 Ft. | 18 Ft. | 20 Ft. | 22 Ft. |
|---|---|---|---|---|---|---|---|---|
| 200 | 2400 | 3000 | 3600 | 4200 | 4800 | 5400 | 6000 | 6600 |
| 300 | 3600 | 4500 | 5400 | 6300 | 7200 | 8100 | 9000 | 9900 |
| 400 | 4800 | 6000 | 7200 | 8400 | 9600 | 10800 | 12000 | 13200 |
| 500 | 6000 | 7500 | 9000 | 10500 | 12000 | 13500 | 15000 | 16500 |
| 600 | 7200 | 9000 | 10800 | 12600 | 14400 | 16200 | 18000 | 19800 |
| 700 | 8400 | 10500 | 12600 | 14700 | 16800 | 18900 | 21000 | 23100 |
| 800 | 9600 | 12000 | 14400 | 16800 | 19200 | 21600 | 24000 | 26400 |
| 900 | 10800 | 13500 | 16200 | 18900 | 21600 | 24300 | 27000 | 29700 |
| 1000 | 12000 | 15000 | 18000 | 21000 | 24000 | 27000 | 30000 | 33000 |

## 1½" x 14"

| Pcs. | 8 Ft. | 10 Ft. | 12 Ft. | 14 Ft. | 16 Ft. | 18 Ft. | 20 Ft. |
|---|---|---|---|---|---|---|---|
| 1 | 14. | 17.5 | 21. | 24.5 | 28. | 31.5 | 35. |
| 2 | 28. | 35. | 42. | 49. | 56. | 63. | 70. |
| 3 | 42. | 52.5 | 63. | 73.5 | 84. | 94.5 | 105. |
| 4 | 56. | 70. | 84. | 98. | 112. | 126. | 140. |
| 5 | 70. | 87.5 | 105. | 122.5 | 140. | 157.5 | 175. |
| 6 | 84. | 105. | 126. | 147. | 168. | 189. | 210. |
| 7 | 98. | 122.5 | 147. | 171.5 | 196. | 220.5 | 245. |
| 8 | 112. | 140. | 168. | 196. | 224. | 252. | 280. |
| 9 | 126. | 157.5 | 189. | 220.5 | 252. | 283.5 | 315. |
| 10 | 140. | 175. | 210. | 245. | 280. | 315. | 350. |
| 11 | 154. | 192.5 | 231. | 269.5 | 308. | 346.5 | 385. |
| 12 | 168. | 210. | 252. | 294. | 336. | 378. | 420. |
| 13 | 182. | 227.5 | 273. | 318.5 | 364. | 409.5 | 455. |
| 14 | 196. | 245. | 294. | 343. | 392. | 441. | 490. |
| 15 | 210. | 262.5 | 315. | 367.5 | 420. | 472.5 | 525. |
| 16 | 224. | 280. | 336. | 392. | 448. | 504. | 560. |
| 17 | 238. | 297.5 | 357. | 416.5 | 476. | 535.5 | 595. |
| 18 | 252 | 315. | 378. | 441. | 504. | 567. | 630. |
| 19 | 266. | 332.5 | 399. | 465.5 | 532. | 598.5 | 665. |
| 20 | 280. | 350. | 420. | 490. | 560. | 630. | 700. |
| 21 | 294. | 367.5 | 441. | 514.5 | 588. | 661.5 | 735. |
| 22 | 308. | 385. | 462. | 539. | 616. | 693. | 770. |
| 23 | 322. | 402.5 | 483. | 563.5 | 644. | 724.5 | 805. |
| 24 | 336. | 420. | 504. | 588. | 672. | 756. | 840. |
| 25 | 350. | 437.5 | 525. | 612.5 | 700. | 787.5 | 875. |
| 26 | 364. | 455. | 546. | 637. | 728. | 819. | 910. |
| 27 | 378. | 472.5 | 567. | 661.5 | 756. | 850.5 | 945. |
| 28 | 392. | 490. | 588. | 686. | 784. | 882. | 980. |
| 29 | 406. | 507.5 | 609. | 710.5 | 812. | 913.5 | 1015. |
| 30 | 420. | 525. | 630. | 735. | 840. | 945. | 1050. |
| 31 | 434. | 542.5 | 651. | 759.5 | 868. | 976.5 | 1085. |
| 32 | 448. | 560. | 672. | 784. | 896. | 1008. | 1120. |
| 33 | 462. | 577.5 | 693. | 808.5 | 924. | 1039.5 | 1155. |
| 34 | 476. | 595. | 714. | 833. | 952. | 1071. | 1190. |
| 35 | 490. | 612.5 | 735. | 857.5 | 980. | 1102.5 | 1225. |
| 36 | 504. | 630. | 756. | 882. | 1008. | 1134. | 1260. |
| 37 | 518. | 647.5 | 777. | 906.5 | 1036. | 1165.5 | 1295. |
| 38 | 532. | 665. | 798. | 931. | 1064. | 1197. | 1330. |
| 39 | 546. | 682.5 | 819. | 955.5 | 1092. | 1228.5 | 1365. |
| 40 | 560. | 700. | 840. | 980. | 1120. | 1260. | 1400. |
| 41 | 574. | 717.5 | 861. | 1004.5 | 1148. | 1291.5 | 1435. |
| 42 | 588. | 735. | 882. | 1029. | 1176. | 1323. | 1470. |
| 43 | 602. | 752.5 | 903. | 1053.5 | 1204. | 1354.5 | 1505. |
| 44 | 616. | 770. | 924. | 1078. | 1232. | 1386. | 1540. |
| 45 | 630. | 787.5 | 945. | 1102.5 | 1260. | 1417.5 | 1575. |
| 46 | 644. | 805. | 966. | 1127. | 1288. | 1449. | 1610. |
| 47 | 658. | 822.5 | 987. | 1151.5 | 1316. | 1480.5 | 1645. |
| 48 | 672. | 840. | 1008. | 1176. | 1344. | 1512. | 1680. |
| 49 | 686. | 857.5 | 1029. | 1200.5 | 1372. | 1543.5 | 1715. |
| 50 | 700. | 875. | 1050. | 1225. | 1400. | 1575. | 1750. |

## 1½" x 14"

| Pcs. | 8 Ft. | 10 Ft. | 12 Ft. | 14 Ft. | 16 Ft. | 18 Ft. | 20 Ft. |
|---|---|---|---|---|---|---|---|
| 100 | 1400 | 1750 | 2100 | 2450 | 2800 | 3150 | 3500 |
| 200 | 2800 | 3500 | 4200 | 4900 | 5600 | 6300 | 7000 |
| 300 | 4200 | 5250 | 6300 | 7350 | 8400 | 9450 | 10500 |
| 400 | 5600 | 7000 | 8400 | 9800 | 11200 | 12600 | 14000 |
| 500 | 7000 | 8750 | 10500 | 12250 | 14000 | 15750 | 17500 |
| 600 | 8400 | 10500 | 12600 | 14700 | 16800 | 18900 | 21000 |
| 700 | 9800 | 12250 | 14700 | 17150 | 19600 | 22050 | 24500 |
| 800 | 11200 | 14000 | 16800 | 19600 | 22400 | 25200 | 28000 |
| 900 | 12600 | 15750 | 18900 | 22050 | 25200 | 28350 | 31500 |
| 1000 | 14000 | 17500 | 21000 | 24500 | 28000 | 31500 | 35000 |

## 1½" x 16"

| Pcs. | 8 Ft. | 10 Ft. | 12 Ft. | 14 Ft. | 16 Ft. | 18 Ft. | 20 Ft. | 22 Ft. |
|---|---|---|---|---|---|---|---|---|
| 1 | 16 | 20 | 24 | 28 | 32 | 36 | 40 | 44 |
| 2 | 32 | 40 | 48 | 56 | 64 | 72 | 80 | 88 |
| 3 | 48 | 60 | 72 | 84 | 96 | 108 | 120 | 132 |
| 4 | 64 | 80 | 96 | 112 | 128 | 144 | 160 | 176 |
| 5 | 80 | 100 | 120 | 140 | 160 | 180 | 200 | 220 |
| 6 | 96 | 120 | 144 | 168 | 192 | 216 | 240 | 264 |
| 7 | 112 | 140 | 168 | 196 | 224 | 252 | 280 | 308 |
| 8 | 128 | 160 | 192 | 224 | 256 | 288 | 320 | 352 |
| 9 | 144 | 180 | 216 | 252 | 288 | 324 | 360 | 396 |
| 10 | 160 | 200 | 240 | 280 | 320 | 360 | 400 | 440 |
| 11 | 176 | 220 | 264 | 308 | 352 | 396 | 440 | 484 |
| 12 | 192 | 240 | 288 | 336 | 384 | 432 | 480 | 528 |
| 13 | 208 | 260 | 312 | 364 | 416 | 468 | 520 | 572 |
| 14 | 224 | 280 | 336 | 392 | 448 | 504 | 560 | 616 |
| 15 | 240 | 300 | 360 | 420 | 480 | 540 | 600 | 660 |
| 16 | 256 | 320 | 384 | 448 | 512 | 576 | 640 | 704 |
| 17 | 272 | 340 | 408 | 476 | 544 | 612 | 680 | 748 |
| 18 | 288 | 360 | 432 | 504 | 576 | 648 | 720 | 792 |
| 19 | 304 | 380 | 456 | 532 | 608 | 684 | 760 | 836 |
| 20 | 320 | 400 | 480 | 560 | 640 | 720 | 800 | 880 |
| 21 | 336 | 420 | 504 | 588 | 672 | 756 | 840 | 924 |
| 22 | 352 | 440 | 528 | 616 | 704 | 792 | 880 | 968 |
| 23 | 368 | 460 | 552 | 644 | 736 | 828 | 920 | 1012 |
| 24 | 384 | 480 | 576 | 672 | 768 | 864 | 960 | 1056 |
| 25 | 400 | 500 | 600 | 700 | 800 | 900 | 1000 | 1100 |
| 26 | 416 | 520 | 624 | 728 | 832 | 936 | 1040 | 1144 |
| 27 | 432 | 540 | 648 | 756 | 864 | 972 | 1080 | 1188 |
| 28 | 448 | 560 | 672 | 784 | 896 | 1008 | 1120 | 1232 |
| 29 | 464 | 580 | 696 | 812 | 928 | 1044 | 1160 | 1276 |
| 30 | 480 | 600 | 720 | 840 | 960 | 1080 | 1200 | 1320 |
| 31 | 496 | 620 | 744 | 868 | 992 | 1116 | 1240 | 1364 |
| 32 | 512 | 640 | 768 | 896 | 1024 | 1152 | 1280 | 1408 |
| 33 | 528 | 660 | 792 | 924 | 1056 | 1188 | 1320 | 1452 |
| 34 | 544 | 680 | 816 | 952 | 1088 | 1224 | 1360 | 1496 |
| 35 | 560 | 700 | 840 | 980 | 1120 | 1260 | 1400 | 1540 |
| 36 | 576 | 720 | 864 | 1008 | 1152 | 1296 | 1440 | 1584 |
| 37 | 592 | 740 | 888 | 1036 | 1184 | 1332 | 1480 | 1628 |
| 38 | 608 | 760 | 912 | 1064 | 1216 | 1368 | 1520 | 1672 |
| 39 | 624 | 780 | 936 | 1092 | 1248 | 1404 | 1560 | 1716 |
| 40 | 640 | 800 | 960 | 1120 | 1280 | 1440 | 1600 | 1760 |
| 41 | 656 | 820 | 984 | 1148 | 1312 | 1476 | 1640 | 1804 |
| 42 | 672 | 840 | 1008 | 1176 | 1344 | 1512 | 1680 | 1848 |
| 43 | 688 | 860 | 1032 | 1204 | 1376 | 1548 | 1720 | 1892 |
| 44 | 704 | 880 | 1056 | 1232 | 1408 | 1584 | 1760 | 1936 |
| 45 | 720 | 900 | 1080 | 1260 | 1440 | 1620 | 1800 | 1980 |
| 46 | 736 | 920 | 1104 | 1288 | 1472 | 1656 | 1840 | 2024 |
| 47 | 752 | 940 | 1128 | 1316 | 1504 | 1692 | 1880 | 2068 |
| 48 | 768 | 960 | 1152 | 1344 | 1536 | 1728 | 1920 | 2112 |
| 49 | 784 | 980 | 1176 | 1372 | 1568 | 1764 | 1960 | 2156 |
| 50 | 800 | 1000 | 1200 | 1400 | 1600 | 1800 | 2000 | 2200 |

## $1\frac{1}{2}$" x 16"

| Pcs. | 8 Ft. | 10 Ft. | 12 Ft. | 14 Ft. | 16 Ft. | 18 Ft. | 20 Ft. | 22 Ft. |
|---|---|---|---|---|---|---|---|---|
| 51 | 816 | 1020 | 1224 | 1428 | 1632 | 1836 | 2040 | 2244 |
| 52 | 832 | 1040 | 1248 | 1456 | 1664 | 1872 | 2080 | 2288 |
| 53 | 848 | 1060 | 1272 | 1484 | 1696 | 1908 | 2120 | 2332 |
| 54 | 864 | 1080 | 1296 | 1512 | 1728 | 1944 | 2160 | 2376 |
| 55 | 880 | 1100 | 1320 | 1540 | 1760 | 1980 | 2200 | 2420 |
| 56 | 896 | 1120 | 1344 | 1568 | 1792 | 2016 | 2240 | 2464 |
| 57 | 912 | 1140 | 1368 | 1596 | 1824 | 2052 | 2280 | 2508 |
| 58 | 928 | 1160 | 1392 | 1624 | 1856 | 2088 | 2320 | 2552 |
| 59 | 944 | 1180 | 1416 | 1652 | 1888 | 2124 | 2360 | 2596 |
| 60 | 960 | 1200 | 1440 | 1680 | 1920 | 2160 | 2400 | 2640 |
| 61 | 976 | 1220 | 1464 | 1708 | 1952 | 2196 | 2440 | 2684 |
| 62 | 992 | 1240 | 1488 | 1736 | 1984 | 2232 | 2480 | 2728 |
| 63 | 1008 | 1260 | 1512 | 1764 | 2016 | 2268 | 2520 | 2772 |
| 64 | 1024 | 1280 | 1536 | 1792 | 2048 | 2304 | 2560 | 2816 |
| 65 | 1040 | 1300 | 1560 | 1820 | 2080 | 2340 | 2600 | 2860 |
| 66 | 1056 | 1320 | 1584 | 1848 | 2112 | 2376 | 2640 | 2904 |
| 67 | 1072 | 1340 | 1608 | 1876 | 2144 | 2412 | 2680 | 2948 |
| 68 | 1088 | 1360 | 1632 | 1904 | 2176 | 2448 | 2720 | 2992 |
| 69 | 1104 | 1380 | 1656 | 1932 | 2208 | 2484 | 2760 | 3036 |
| 70 | 1120 | 1400 | 1680 | 1960 | 2240 | 2520 | 2800 | 3080 |
| 71 | 1136 | 1420 | 1704 | 1988 | 2272 | 2556 | 2840 | 3124 |
| 72 | 1152 | 1440 | 1728 | 2016 | 2304 | 2592 | 2880 | 3168 |
| 73 | 1168 | 1460 | 1752 | 2044 | 2336 | 2628 | 2920 | 3212 |
| 74 | 1184 | 1480 | 1776 | 2072 | 2368 | 2664 | 2960 | 3256 |
| 75 | 1200 | 1500 | 1800 | 2100 | 2400 | 2700 | 3000 | 3300 |
| 76 | 1216 | 1520 | 1824 | 2128 | 2432 | 2736 | 3040 | 3344 |
| 77 | 1232 | 1540 | 1848 | 2156 | 2464 | 2772 | 3080 | 3388 |
| 78 | 1248 | 1560 | 1872 | 2184 | 2496 | 2808 | 3120 | 3432 |
| 79 | 1264 | 1580 | 1896 | 2212 | 2528 | 2844 | 3160 | 3476 |
| 80 | 1280 | 1600 | 1920 | 2240 | 2560 | 2880 | 3200 | 3520 |
| 81 | 1296 | 1620 | 1944 | 2268 | 2592 | 2916 | 3240 | 3564 |
| 82 | 1312 | 1640 | 1968 | 2296 | 2624 | 2952 | 3280 | 3608 |
| 83 | 1328 | 1660 | 1992 | 2324 | 2656 | 2988 | 3320 | 3652 |
| 84 | 1344 | 1680 | 2016 | 2352 | 2688 | 3024 | 3360 | 3696 |
| 85 | 1360 | 1700 | 2040 | 2380 | 2720 | 3060 | 3400 | 3740 |
| 86 | 1376 | 1720 | 2064 | 2408 | 2752 | 3096 | 3440 | 3784 |
| 87 | 1392 | 1740 | 2088 | 2436 | 2784 | 3132 | 3480 | 3828 |
| 88 | 1408 | 1760 | 2112 | 2464 | 2816 | 3168 | 3520 | 3872 |
| 89 | 1424 | 1780 | 2136 | 2492 | 2848 | 3204 | 3560 | 3916 |
| 90 | 1440 | 1800 | 2160 | 2520 | 2880 | 3240 | 3600 | 3960 |
| 91 | 1456 | 1820 | 2184 | 2548 | 2912 | 3276 | 3640 | 4004 |
| 92 | 1472 | 1840 | 2208 | 2576 | 2944 | 3312 | 3680 | 4048 |
| 93 | 1488 | 1860 | 2232 | 2604 | 2976 | 3348 | 3720 | 4092 |
| 94 | 1504 | 1880 | 2256 | 2632 | 3008 | 3384 | 3760 | 4136 |
| 95 | 1520 | 1900 | 2280 | 2660 | 3040 | 3420 | 3800 | 4180 |
| 96 | 1536 | 1920 | 2804 | 2688 | 3072 | 3456 | 3840 | 4224 |
| 97 | 1552 | 1940 | 2328 | 2716 | 3104 | 3492 | 3880 | 4268 |
| 98 | 1568 | 1960 | 2352 | 2744 | 3136 | 3528 | 3920 | 4312 |
| 99 | 1584 | 1980 | 2376 | 2772 | 3168 | 3564 | 3960 | 4356 |
| 100 | 1600 | 2000 | 2400 | 2800 | 3200 | 3600 | 4000 | 4400 |

## 1½" x 16"

| Pcs. | 8 Ft. | 10 Ft. | 12 Ft. | 14 Ft. | 16 Ft. | 18 Ft. | 20 Ft. | 22 Ft. |
|---|---|---|---|---|---|---|---|---|
| 200 | 3200 | 4000 | 4800 | 5600 | 6400 | 7200 | 8000 | 8800 |
| 300 | 4800 | 6000 | 7200 | 8400 | 9600 | 10800 | 12000 | 13200 |
| 400 | 6400 | 8000 | 9600 | 11200 | 12800 | 14400 | 16000 | 17600 |
| 500 | 8000 | 10000 | 12000 | 14000 | 16000 | 18000 | 20000 | 22000 |
| 600 | 9600 | 12000 | 14400 | 16800 | 19200 | 21600 | 24000 | 26400 |
| 700 | 11200 | 14000 | 16800 | 19600 | 22400 | 25200 | 28000 | 30800 |
| 800 | 12800 | 16000 | 19200 | 22400 | 25600 | 28800 | 32000 | 35200 |
| 900 | 14400 | 18000 | 21600 | 25200 | 28800 | 32400 | 36000 | 39600 |
| 1000 | 16000 | 20000 | 24000 | 28000 | 32000 | 36000 | 40000 | 44000 |

$1\frac{1}{2}$" x 18"

| Pcs. | 8 Ft. | 10 Ft. | 12 Ft. | 14 Ft. | 16 Ft. | 18 Ft. | 20 Ft. |
|---|---|---|---|---|---|---|---|
| 1 | 18. | 22.5 | 27. | 31.5 | 36. | 40.5 | 45. |
| 2 | 36. | 45. | 54. | 63. | 72. | 81. | 90. |
| 3 | 54. | 67.5 | 81. | 94.5 | 108. | 121.5 | 135. |
| 4 | 72. | 90. | 108. | 126. | 144. | 162. | 180. |
| 5 | 90. | 112.5 | 135. | 157.5 | 180. | 202.5 | 225. |
| 6 | 108. | 135. | 162. | 189. | 216. | 243. | 270. |
| 7 | 126. | 157.5 | 189. | 220.5 | 252. | 283.5 | 315. |
| 8 | 144. | 180. | 216. | 252. | 288. | 324. | 360. |
| 9 | 162. | 202.5 | 243. | 283.5 | 324. | 364.5 | 405. |
| 10 | 180. | 225. | 270. | 315. | 360. | 405. | 450. |
| 11 | 198. | 247.5 | 297. | 346.5 | 396. | 445.5 | 495. |
| 12 | 216. | 270. | 324. | 378. | 432. | 486. | 540. |
| 13 | 234. | 292.5 | 351. | 409.5 | 468. | 526.5 | 585. |
| 14 | 252. | 315. | 378. | 441. | 504. | 567. | 630. |
| 15 | 270. | 337.5 | 405. | 472.5 | 540. | 607.5 | 675. |
| 16 | 288. | 360. | 432. | 504. | 576. | 648. | 720. |
| 17 | 306. | 382.5 | 459. | 535.5 | 612. | 688.5 | 765. |
| 18 | 324. | 405. | 486. | 567. | 648. | 729. | 810. |
| 19 | 342. | 427.5 | 513. | 598.5 | 684. | 769.5 | 855. |
| 20 | 360. | 450. | 540. | 630. | 720. | 810. | 900. |
| 21 | 378. | 472.5 | 567. | 661.5 | 756. | 850.5 | 945. |
| 22 | 396. | 495. | 594. | 693. | 792. | 891. | 990. |
| 23 | 414. | 517.5 | 621. | 724.5 | 828. | 931.5 | 1035. |
| 24 | 432. | 540. | 648. | 756. | 864. | 972. | 1080. |
| 25 | 450. | 562.5 | 675. | 787.5 | 900. | 1012.5 | 1125. |
| 26 | 468. | 585. | 702. | 819. | 936. | 1053. | 1170. |
| 27 | 486. | 607.5 | 729. | 850.5 | 972. | 1093.5 | 1215. |
| 28 | 504. | 630. | 756. | 882. | 1008. | 1134. | 1260. |
| 29 | 522. | 652.5 | 783. | 913.5 | 1044. | 1174.5 | 1305. |
| 30 | 540. | 675. | 810. | 945. | 1080. | 1215. | 1350. |
| 31 | 558. | 697.5 | 837. | 976.5 | 1116. | 1255.5 | 1395. |
| 32 | 576. | 720. | 864. | 1008. | 1152. | 1296. | 1440. |
| 33 | 594. | 742.5 | 891. | 1039.5 | 1188. | 1336.5 | 1485. |
| 34 | 612. | 765. | 918. | 1071. | 1224. | 1377. | 1530. |
| 35 | 630. | 787.5 | 945. | 1102.5 | 1260. | 1417.5 | 1575. |
| 36 | 648. | 810. | 972. | 1134. | 1296. | 1458. | 1620. |
| 37 | 666. | 832.5 | 999. | 1165.5 | 1332. | 1498.5 | 1665. |
| 38 | 684. | 855. | 1026. | 1197. | 1368. | 1539. | 1710. |
| 39 | 702. | 877.5 | 1053. | 1228.5 | 1404. | 1579.5 | 1755. |
| 40 | 720. | 900. | 1080. | 1260. | 1440. | 1620. | 1800. |
| 41 | 738. | 922.5 | 1107. | 1291.5 | 1476. | 1660.5 | 1845. |
| 42 | 756. | 945. | 1134. | 1323. | 1512. | 1701. | 1890. |
| 43 | 774. | 967.5 | 1161. | 1354.5 | 1548. | 1741.5 | 1935. |
| 44 | 792. | 990. | 1188. | 1386. | 1584. | 1782. | 1980. |
| 45 | 810. | 1012.5 | 1215. | 1417.5 | 1620. | 1822.5 | 2025. |
| 46 | 828. | 1035. | 1242. | 1449. | 1656. | 1863. | 2070. |
| 47 | 846. | 1057.5 | 1269. | 1480.5 | 1692. | 1903.5 | 2115. |
| 48 | 864. | 1080. | 1296. | 1512. | 1728. | 1944. | 2160. |
| 49 | 882. | 1102.5 | 1323. | 1543.5 | 1764. | 1984.5 | 2205. |
| 50 | 900. | 1125. | 1350. | 1575. | 1800. | 2025. | 2250. |

## 1½" x 18"

| Pcs. | 8 Ft. | 10 Ft. | 12 Ft. | 14 Ft. | 16 Ft. | 18 Ft. | 20 Ft. |
|---|---|---|---|---|---|---|---|
| 100 | 1800 | 2250 | 2700 | 3150 | 3600 | 4050 | 4500 |
| 200 | 3600 | 4500 | 5400 | 6300 | 7200 | 8100 | 9000 |
| 300 | 5400 | 6750 | 8100 | 9450 | 10800 | 12150 | 13500 |
| 400 | 7200 | 9000 | 10800 | 12600 | 14400 | 16200 | 18000 |
| 500 | 9000 | 11250 | 13500 | 15750 | 18000 | 20250 | 22500 |
| 600 | 10800 | 13500 | 16200 | 18900 | 21600 | 24300 | 27000 |
| 700 | 12600 | 15750 | 18900 | 22050 | 25200 | 28350 | 31500 |
| 800 | 14400 | 18000 | 21600 | 25200 | 28800 | 32400 | 36000 |
| 900 | 16200 | 20250 | 24300 | 28350 | 32400 | 36450 | 40500 |
| 1000 | 18000 | 22500 | 27000 | 31500 | 36000 | 40500 | 45000 |

## 2" x 2"

| Pcs. | 8 Ft. | 10 Ft. | 12 Ft. | 14 Ft. | 16 Ft. | 18 Ft. | 20 Ft. |
|---|---|---|---|---|---|---|---|
| 1 | 2.7 | 3.3 | 4. | 4.7 | 5.3 | 6. | 6.7 |
| 2 | 5.3 | 6.7 | 8. | 9.3 | 10.7 | 12. | 13.3 |
| 3 | 8. | 10. | 12. | 14. | 16. | 18. | 20. |
| 4 | 10.7 | 13.3 | 16. | 18.7 | 21.3 | 24. | 26.7 |
| 5 | 13.3 | 16.7 | 20. | 23.3 | 26.7 | 30. | 33.3 |
| 6 | 16. | 20. | 24. | 28. | 32. | 36. | 40. |
| 7 | 18.7 | 23.3 | 28. | 32.7 | 37.3 | 42. | 46.7 |
| 8 | 21.3 | 26.7 | 32. | 37.3 | 42.7 | 48. | 53.3 |
| 9 | 24. | 30. | 36. | 42. | 48. | 54. | 60. |
| 10 | 26.7 | 33.3 | 40. | 46.7 | 53.3 | 60. | 66.7 |
| 11 | 29.3 | 36.7 | 44. | 51.3 | 58.7 | 66. | 73.3 |
| 12 | 32. | 40. | 48. | 56. | 64. | 72. | 80. |
| 13 | 34.7 | 43.3 | 52. | 60.7 | 69.3 | 78. | 86.7 |
| 14 | 37.3 | 46.7 | 56. | 65.3 | 74.7 | 84. | 93.3 |
| 15 | 40. | 50. | 60. | 70. | 80. | 90. | 100. |
| 16 | 42.7 | 53.3 | 64. | 74.7 | 85.3 | 96. | 106.7 |
| 17 | 45.3 | 56.7 | 68. | 79.3 | 90.7 | 102. | 113.3 |
| 18 | 48. | 60. | 72. | 84. | 96. | 108. | 120. |
| 19 | 50.7 | 63.3 | 76. | 88.7 | 101.3 | 114. | 126.7 |
| 20 | 53.3 | 66.7 | 80. | 93.3 | 106.7 | 120. | 133.3 |
| 21 | 56. | 70. | 84. | 98. | 112. | 126. | 140. |
| 22 | 58.7 | 73.3 | 88. | 102.7 | 117.3 | 132. | 146.7 |
| 23 | 61.3 | 76.7 | 92. | 107.3 | 122.7 | 138. | 153.3 |
| 24 | 64. | 80. | 96. | 112. | 128. | 144. | 160 |
| 25 | 66.7 | 83.3 | 100. | 116.7 | 133.3 | 150. | 166.7 |
| 26 | 69.3 | 86.7 | 104. | 121.3 | 138.7 | 156. | 173.3 |
| 27 | 72. | 90. | 108. | 126. | 144. | 162. | 180. |
| 28 | 74.7 | 93.3 | 112. | 130.7 | 149.3 | 168. | 186.7 |
| 29 | 77.3 | 96.7 | 116. | 135.3 | 154.7 | 174. | 193.3 |
| 30 | 80. | 100. | 120. | 140. | 160. | 180. | 200. |
| 31 | 82.7 | 103.3 | 124. | 144.7 | 165.3 | 186. | 206.7 |
| 32 | 85.3 | 106.7 | 128. | 149.3 | 170.7 | 192. | 213.3 |
| 33 | 88. | 110. | 132. | 154. | 176. | 198. | 220. |
| 34 | 90.7 | 113.3 | 136. | 158.7 | 181.3 | 204. | 226.7 |
| 35 | 93.3 | 116.7 | 140. | 163.3 | 186.7 | 210. | 233.3 |
| 36 | 96. | 120. | 144. | 168. | 192. | 216. | 240. |
| 37 | 98.7 | 123.3 | 148. | 172.7 | 197.3 | 222. | 246.7 |
| 38 | 101.3 | 126.7 | 152. | 177.3 | 202.7 | 228. | 253.3 |
| 39 | 104. | 130. | 156. | 182. | 208. | 234. | 260. |
| 40 | 106.7 | 133.3 | 160. | 186.7 | 213.3 | 240. | 266.7 |
| 41 | 109.3 | 136.7 | 164. | 191.3 | 218.7 | 246. | 273.3 |
| 42 | 112. | 140. | 168. | 196. | 224. | 252. | 280. |
| 43 | 114.7 | 143.3 | 172. | 200.7 | 229.3 | 258. | 286.7 |
| 44 | 117.3 | 146.7 | 176. | 205.3 | 234.7 | 264. | 293.3 |
| 45 | 120. | 150. | 180. | 210. | 240. | 270. | 300. |
| 46 | 122.7 | 153.3 | 184. | 214.7 | 245.3 | 276. | 306.7 |
| 47 | 125.3 | 156.7 | 188. | 219.3 | 250.7 | 282. | 313.3 |
| 48 | 128. | 160. | 192. | 224. | 256. | 288. | 320. |
| 49 | 130.7 | 163.3 | 196. | 228.7 | 261.3 | 294. | 326.7 |
| 50 | 133.3 | 166.7 | 200. | 233.3 | 266.7 | 300. | 333.3 |

2" x 2"

| Pcs. | 8 Ft. | 10 Ft. | 12 Ft. | 14 Ft. | 16 Ft. | 18 Ft. | 20 Ft. |
|---|---|---|---|---|---|---|---|
| 51 | 136. | 170. | 204. | 238. | 272. | 306. | 340. |
| 52 | 138.7 | 173.3 | 208. | 242.7 | 277.3 | 312. | 346.7 |
| 53 | 141.3 | 176.7 | 212 | 247.3 | 282.7 | 318. | 353.3 |
| 54 | 144. | 180. | 216. | 252. | 288. | 324. | 360. |
| 55 | 146.7 | 183.3 | 220. | 256.7 | 293.3 | 330. | 366.7 |
| 56 | 149.3 | 186.7 | 224. | 261.3 | 298.7 | 336. | 373.3 |
| 57 | 152. | 190. | 228. | 266. | 304. | 342. | 380. |
| 58 | 154.7 | 193.3 | 232. | 270.7 | 309.3 | 348. | 386.7 |
| 59 | 157.3 | 196.7 | 236. | 275.3 | 314.7 | 354. | 393.3 |
| 60 | 160. | 200. | 240. | 280. | 320. | 360. | 400. |
| 61 | 162.7 | 203.3 | 244. | 284.7 | 325.3 | 366. | 406.7 |
| 62 | 165.3 | 206.7 | 248. | 289.3 | 330.7 | 372. | 413.3 |
| 63 | 168. | 210. | 252. | 294. | 336. | 378. | 420. |
| 64 | 170.7 | 213.3 | 256. | 298.7 | 341.3 | 384. | 426.7 |
| 65 | 173.3 | 216.7 | 260. | 303.3 | 346.7 | 390. | 433.3 |
| 66 | 176. | 220. | 264. | 308. | 352. | 396. | 440. |
| 67 | 178.7 | 223.3 | 268. | 312.7 | 357.3 | 402. | 446.7 |
| 68 | 181.3 | 226.7 | 272. | 317.3 | 362.7 | 408. | 453.3 |
| 69 | 184. | 230. | 276. | 322. | 368. | 414. | 460. |
| 70 | 186.7 | 233.3 | 280. | 326.7 | 373.3 | 420. | 466.7 |
| 71 | 189.3 | 236.7 | 284. | 331.3 | 378.7 | 426. | 473.3 |
| 72 | 192. | 240. | 288. | 336. | 384. | 432. | 480. |
| 73 | 194.7 | 243.3 | 292. | 340.7 | 389.3 | 438. | 486.7 |
| 74 | 197.3 | 246.7 | 296. | 345.3 | 394.7 | 444. | 493.3 |
| 75 | 200. | 250. | 300. | 350. | 400. | 450. | 500. |
| 76 | 202.7 | 253.3 | 304. | 354.7 | 405.3 | 456. | 506.7 |
| 77 | 205.3 | 256.7 | 308. | 359.3 | 410.7 | 462. | 513.3 |
| 78 | 208. | 260. | 312. | 364. | 416. | 468. | 520. |
| 79 | 210.7 | 263.3 | 316. | 368.7 | 421.3 | 474. | 526.7 |
| 80 | 213.3 | 266.7 | 320. | 373.3 | 426.7 | 480. | 533.3 |
| 81 | 216. | 270. | 324. | 378. | 432. | 486. | 540. |
| 82 | 218.7 | 273.3 | 328. | 382.7 | 437.3 | 492. | 546.7 |
| 83 | 221.3 | 276.7 | 332. | 387.3 | 442.7 | 498. | 553.3 |
| 84 | 224. | 280. | 336. | 392. | 448. | 504. | 560. |
| 85 | 226.7 | 283.3 | 340. | 396.7 | 453.3 | 510. | 566.7 |
| 86 | 229.3 | 286.7 | 344. | 401.3 | 458.7 | 516. | 573.3 |
| 87 | 232. | 290. | 348. | 406. | 464. | 522. | 580. |
| 88 | 234.7 | 293.3 | 352. | 410.7 | 469.3 | 528. | 586.7 |
| 89 | 237.3 | 296.7 | 356. | 415.3 | 474.7 | 534. | 593.3 |
| 90 | 240. | 300. | 360. | 420. | 480. | 540. | 600. |
| 91 | 242.7 | 303.3 | 364. | 424.7 | 485.3 | 546. | 606.7 |
| 92 | 245.3 | 306.7 | 368. | 429.3 | 490.7 | 552. | 613.3 |
| 93 | 248. | 310. | 372. | 434. | 496. | 558. | 620. |
| 94 | 250.7 | 313.3 | 376. | 438.7 | 501.3 | 564. | 626.7 |
| 95 | 253.3 | 316.7 | 380. | 443.3 | 506.7 | 570. | 633.3 |
| 96 | 256. | 320. | 384. | 448. | 512. | 576. | 640. |
| 97 | 258.7 | 323.3 | 388. | 452.7 | 517.3 | 582. | 646.7 |
| 98 | 261.3 | 326.7 | 392. | 457.3 | 522.7 | 588. | 653.3 |
| 99 | 264. | 330. | 396. | 462. | 528. | 594. | 660. |
| 100 | 266.7 | 333.3 | 400. | 466.7 | 533.3 | 600. | 666.7 |

## 2" x 2"

| Pcs. | 8 Ft. | 10 Ft. | 12 Ft. | 14 Ft. | 16 Ft. | 18 Ft. | 20 Ft. |
|---|---|---|---|---|---|---|---|
| 101 | 269.3 | 336.7 | 404. | 471.3 | 538.7 | 606. | 673.3 |
| 102 | 272. | 340. | 408. | 476. | 544. | 612. | 680. |
| 103 | 274.7 | 343.3 | 412. | 480.7 | 549.3 | 618. | 686.7 |
| 104 | 277.3 | 346.7 | 416. | 485.3 | 554.7 | 624. | 693.3 |
| 105 | 280. | 350. | 420. | 490. | 560. | 630. | 700. |
| 106 | 282.7 | 353.3 | 424. | 494.7 | 565.3 | 636. | 706.7 |
| 107 | 285.3 | 356.7 | 428. | 499.3 | 570.7 | 642. | 713.3 |
| 108 | 288. | 360. | 432. | 504. | 576. | 648. | 720. |
| 109 | 290.7 | 363.3 | 436. | 508.7 | 581.3 | 654. | 726.7 |
| 110 | 293.3 | 366.7 | 440. | 513.3 | 586.7 | 660. | 733.3 |
| 111 | 296. | 370. | 444. | 518. | 592. | 666. | 740. |
| 112 | 298.7 | 373.3 | 448. | 522.7 | 597.3 | 672. | 746.7 |
| 113 | 301.3 | 376.7 | 452. | 527.3 | 602.7 | 678. | 753.3 |
| 114 | 304. | 380. | 456. | 532. | 608. | 684. | 760. |
| 115 | 306.7 | 383.3 | 460. | 536.7 | 613.3 | 690. | 766.7 |
| 116 | 309.3 | 386.7 | 464. | 541.3 | 618.7 | 696. | 773.3 |
| 117 | 312. | 390. | 468. | 546. | 624. | 702. | 780. |
| 118 | 314.7 | 393.3 | 472. | 550.7 | 629.3 | 708. | 786.7 |
| 119 | 317.3 | 396.7 | 476. | 555.3 | 634.7 | 714. | 793.3 |
| 120 | 320. | 400. | 480. | 560. | 640. | 720. | 800. |
| 121 | 322.7 | 403.3 | 484. | 564.7 | 645.3 | 726. | 806.7 |
| 122 | 325.3 | 406.7 | 488. | 569.3 | 650.7 | 732. | 813.3 |
| 123 | 328. | 410. | 492. | 574. | 656. | 738. | 820. |
| 124 | 330.7 | 413.3 | 496. | 578.7 | 661.3 | 744. | 826.7 |
| 125 | 333.3 | 416.7 | 500. | 583.3 | 666.7 | 750. | 833.3 |
| 126 | 336. | 420. | 504. | 588. | 672. | 756. | 840. |
| 127 | 338.7 | 423.3 | 508. | 592.7 | 677.3 | 762. | 846.7 |
| 128 | 341.3 | 426.7 | 512. | 597.3 | 682.7 | 768. | 853.3 |
| 129 | 344. | 430. | 516. | 602. | 688. | 774. | 860. |
| 130 | 346.7 | 433.3 | 520. | 606.7 | 693.3 | 780. | 866.7 |
| 131 | 349.3 | 436.7 | 524. | 611.3 | 698.7 | 786. | 873.3 |
| 132 | 352. | 440. | 528. | 616. | 704. | 792. | 880. |
| 133 | 354.7 | 443.3 | 532. | 620.7 | 709.3 | 798. | 886.7 |
| 134 | 357.3 | 446.7 | 536. | 625.3 | 714.7 | 804. | 893.3 |
| 135 | 360. | 450. | 540. | 630. | 720. | 810. | 900. |
| 136 | 362.7 | 453.3 | 544. | 634.7 | 725.3 | 816. | 906.7 |
| 137 | 365.3 | 456.7 | 548. | 639.3 | 730.7 | 822. | 913.3 |
| 138 | 368. | 460. | 552. | 644. | 736. | 828. | 920. |
| 139 | 370.7 | 463.3 | 556. | 648.7 | 741.3 | 834. | 926.7 |
| 140 | 373.3 | 466.7 | 560. | 653.3 | 746.7 | 840. | 933.3 |
| 141 | 376. | 470. | 564. | 658. | 752. | 846. | 940. |
| 142 | 378.7 | 473.3 | 568. | 662.7 | 757.3 | 852. | 946.7 |
| 143 | 381.3 | 476.7 | 572. | 667.3 | 762.7 | 858. | 953.3 |
| 144 | 384. | 480. | 576. | 672. | 768. | 864. | 960. |
| 145 | 386.7 | 483.3 | 580. | 676.7 | 773.3 | 870. | 966.7 |
| 146 | 389.3 | 486.7 | 584. | 681.3 | 778.7 | 876. | 973.3 |
| 147 | 392. | 490. | 588. | 686. | 784. | 882. | 980. |
| 148 | 394.7 | 493.3 | 592. | 690.7 | 789.3 | 888. | 986.7 |
| 149 | 397.3 | 496.7 | 596. | 695.3 | 794.7 | 894. | 993.3 |
| 150 | 400. | 500. | 600. | 700. | 800. | 900. | 1000. |

2" x 2"

| Pcs. | 8 Ft. | 10 Ft. | 12 Ft. | 14 Ft. | 16 Ft. | 18 Ft. | 20 Ft. |
|---|---|---|---|---|---|---|---|
| 151 | 402.7 | 503.3 | 604. | 704.7 | 805.3 | 906. | 1006.7 |
| 152 | 405.3 | 506.7 | 608. | 709.3 | 810.7 | 912. | 1013.3 |
| 153 | 408 | 510. | 612. | 714. | 816. | 918. | 1020. |
| 154 | 410.7 | 513.3 | 616. | 718.7 | 821.3 | 924. | 1026.7 |
| 155 | 413.3 | 516.7 | 620. | 723.3 | 826.7 | 930. | 1033.3 |
| 156 | 416. | 520. | 624. | 728. | 832. | 936. | 1040. |
| 157 | 418.7 | 523.3 | 628. | 732.7 | 837.3 | 942. | 1046.7 |
| 158 | 421.3 | 526.7 | 632. | 737.3 | 842.7 | 948. | 1053.3 |
| 159 | 424. | 530. | 636. | 742. | 848. | 954. | 1060 |
| 160 | 426.7 | 533.3 | 640. | 746.7 | 853.3 | 960. | 1066.7 |
| 161 | 429.3 | 536.7 | 644. | 751.3 | 858.7 | 966. | 1073.3 |
| 162 | 432. | 540. | 648. | 756. | 864. | 972. | 1080. |
| 163 | 434.7 | 543.3 | 652. | 760.7 | 869.3 | 978. | 1086.7 |
| 164 | 437.3 | 546.7 | 656. | 765.3 | 874.7 | 984. | 1093.3 |
| 165 | 440. | 550. | 660. | 770. | 880. | 990. | 1100. |
| 166 | 442.7 | 553.3 | 664. | 774.7 | 885.3 | 996. | 1106.7 |
| 167 | 445.3 | 556.7 | 668. | 779.3 | 890.7 | 1002. | 1113.3 |
| 168 | 448. | 560. | 672. | 784. | 896. | 1008. | 1120. |
| 169 | 450.7 | 563.3 | 676. | 788.7 | 901.3 | 1014. | 1126.7 |
| 170 | 453.3 | 566.7 | 680. | 793.3 | 906.7 | 1020. | 1133.3 |
| 171 | 456. | 570. | 684. | 798. | 912. | 1026. | 1140. |
| 172 | 458.7 | 573.3 | 688. | 802.7 | 917.3 | 1032. | 1146.7 |
| 173 | 461.3 | 576.7 | 692. | 807.3 | 922.7 | 1038. | 1153.3 |
| 174 | 464. | 580. | 696. | 812. | 928. | 1044. | 1160. |
| 175 | 466.7 | 583.3 | 700. | 816.7 | 933.3 | 1050. | 1166.7 |
| 176 | 469.3 | 586.7 | 704. | 821.3 | 938.7 | 1056. | 1173.3 |
| 177 | 472. | 590. | 708. | 826. | 944. | 1062. | 1180. |
| 178 | 474.7 | 593.3 | 712. | 830.7 | 949.3 | 1068. | 1186.7 |
| 179 | 477.3 | 596.7 | 716. | 835.3 | 954.7 | 1074. | 1193.3 |
| 180 | 480. | 600. | 720. | 840. | 960. | 1080. | 1200. |
| 181 | 482.7 | 603.3 | 724. | 844.7 | 965.3 | 1086. | 1206.7 |
| 182 | 485.3 | 606.7 | 728. | 849.3 | 970.7 | 1092. | 1213.3 |
| 183 | 488. | 610. | 732. | 854. | 976. | 1098. | 1220. |
| 184 | 490.7 | 613.3 | 736. | 858.7 | 981.3 | 1104. | 1226.7 |
| 185 | 493.3 | 616.7 | 740. | 863.3 | 986.7 | 1110. | 1233.3 |
| 186 | 496. | 620. | 744. | 868. | 992. | 1116. | 1240. |
| 187 | 498.7 | 623.3 | 748. | 872.7 | 997.3 | 1122. | 1246.7 |
| 188 | 501.3 | 626.7 | 752. | 877.3 | 1002.7 | 1128. | 1253.3 |
| 189 | 504. | 630. | 756. | 882. | 1008. | 1134. | 1260. |
| 190 | 506.7 | 633.3 | 760. | 886.7 | 1013.3 | 1140. | 1266.7 |
| 191 | 509.3 | 636.7 | 764. | 891.3 | 1018.7 | 1146. | 1273.3 |
| 192 | 512. | 640. | 768. | 896. | 1024. | 1152. | 1280. |
| 193 | 514.7 | 643.3 | 772. | 900.7 | 1029.3 | 1158. | 1286.7 |
| 194 | 517.3 | 646.7 | 776. | 905.3 | 1034.7 | 1164. | 1293.3 |
| 195 | 520. | 650. | 780. | 910. | 1040. | 1170. | 1300. |
| 196 | 522.7 | 653.3 | 784. | 914.7 | 1045.3 | 1176. | 1306.7 |
| 197 | 525.3 | 656.7 | 788. | 919.3 | 1050.7 | 1182. | 1313.3 |
| 198 | 528. | 660. | 792. | 924. | 1056. | 1188. | 1320. |
| 199 | 530.7 | 663.3 | 796. | 928.7 | 1061.3 | 1194. | 1326.7 |
| 200 | 533.3 | 666.7 | 800. | 933.3 | 1066.7 | 1200. | 1333.3 |

## 2" x 2"

| Pcs. | 8 Ft. | 10 Ft. | 12 Ft. | 14 Ft. | 16 Ft. | 18 Ft. | 20 Ft. |
|---|---|---|---|---|---|---|---|
| 300 | 800. | 1000. | 1200. | 1400. | 1600. | 1800. | 2000. |
| 400 | 1066. | 1333.3 | 1600. | 1866.7 | 2133.3 | 2400. | 2666.7 |
| 500 | 1333.3 | 1666.7 | 2000. | 2333.3 | 2666.7 | 3000. | 3333.3 |
| 600 | 1600. | 2000. | 2400. | 2800. | 3200. | 3600. | 4000. |
| 700 | 1866.7 | 2333.3 | 2800. | 3266.7 | 3733.3 | 4200. | 4666.7 |
| 800 | 2133.3 | 2666.7 | 3200. | 3733.3 | 4266.7 | 4800. | 5333.3 |
| 900 | 2400. | 3000. | 3600. | 4200. | 4800. | 5400. | 6000. |
| 1000 | 2666.7 | 3333.3 | 4000. | 4666.7 | 5333.3 | 6000. | 6666.7 |

## 2" x 3"

| Pcs. | 8 Ft. | 10 Ft. | 12 Ft. | 14 Ft. | 16 Ft. | 18 Ft. | 20 Ft. |
|---|---|---|---|---|---|---|---|
| 1 | 4 | 5 | 6 | 7 | 8 | 9 | 10 |
| 2 | 8 | 10 | 12 | 14 | 16 | 18 | 20 |
| 3 | 12 | 15 | 18 | 21 | 24 | 27 | 30 |
| 4 | 16 | 20 | 24 | 28 | 32 | 36 | 40 |
| 5 | 20 | 25 | 30 | 35 | 40 | 45 | 50 |
| 6 | 24 | 30 | 36 | 42 | 48 | 54 | 60 |
| 7 | 28 | 35 | 42 | 49 | 56 | 63 | 70 |
| 8 | 32 | 40 | 48 | 56 | 64 | 72 | 80 |
| 9 | 36 | 45 | 54 | 63 | 72 | 81 | 90 |
| 10 | 40 | 50 | 60 | 70 | 80 | 90 | 100 |
| 11 | 44 | 55 | 66 | 77 | 88 | 99 | 110 |
| 12 | 48 | 60 | 72 | 84 | 96 | 108 | 120 |
| 13 | 52 | 65 | 78 | 91 | 104 | 117 | 130 |
| 14 | 56 | 70 | 84 | 98 | 112 | 126 | 140 |
| 15 | 60 | 75 | 90 | 105 | 120 | 135 | 150 |
| 16 | 64 | 80 | 96 | 112 | 128 | 144 | 160 |
| 17 | 68 | 85 | 102 | 119 | 136 | 153 | 170 |
| 18 | 72 | 90 | 108 | 126 | 144 | 162 | 180 |
| 19 | 76 | 95 | 114 | 133 | 152 | 171 | 190 |
| 20 | 80 | 100 | 120 | 140 | 160 | 180 | 200 |
| 21 | 84 | 105 | 126 | 147 | 168 | 189 | 210 |
| 22 | 88 | 110 | 132 | 154 | 176 | 198 | 220 |
| 23 | 92 | 115 | 138 | 161 | 184 | 207 | 230 |
| 24 | 96 | 120 | 144 | 168 | 192 | 216 | 240 |
| 25 | 100 | 125 | 150 | 175 | 200 | 225 | 250 |
| 26 | 104 | 130 | 156 | 182 | 208 | 234 | 260 |
| 27 | 108 | 135 | 162 | 189 | 216 | 243 | 270 |
| 28 | 112 | 140 | 168 | 196 | 224 | 252 | 280 |
| 29 | 116 | 145 | 174 | 203 | 232 | 261 | 290 |
| 30 | 120 | 150 | 180 | 210 | 240 | 270 | 300 |
| 31 | 124 | 155 | 186 | 217 | 248 | 279 | 310 |
| 32 | 128 | 160 | 192 | 224 | 256 | 288 | 320 |
| 33 | 132 | 165 | 198 | 231 | 264 | 297 | 330 |
| 34 | 136 | 170 | 204 | 238 | 272 | 306 | 340 |
| 35 | 140 | 175 | 210 | 245 | 280 | 315 | 350 |
| 36 | 144 | 180 | 216 | 252 | 288 | 324 | 360 |
| 37 | 148 | 185 | 222 | 259 | 296 | 333 | 370 |
| 38 | 152 | 190 | 228 | 266 | 304 | 342 | 380 |
| 39 | 156 | 195 | 234 | 273 | 312 | 251 | 390 |
| 40 | 160 | 200 | 240 | 280 | 320 | 360 | 400 |
| 41 | 164 | 205 | 246 | 287 | 328 | 369 | 410 |
| 42 | 168 | 210 | 252 | 294 | 336 | 378 | 420 |
| 43 | 172 | 215 | 258 | 301 | 344 | 387 | 430 |
| 44 | 176 | 220 | 264 | 308 | 352 | 396 | 440 |
| 45 | 180 | 225 | 270 | 315 | 360 | 405 | 450 |
| 46 | 184 | 230 | 276 | 322 | 368 | 414 | 460 |
| 47 | 188 | 235 | 282 | 329 | 376 | 423 | 470 |
| 48 | 192 | 240 | 288 | 336 | 384 | 432 | 480 |
| 49 | 196 | 245 | 294 | 343 | 392 | 441 | 490 |
| 50 | 200 | 250 | 300 | 350 | 400 | 450 | 500 |

2" x 3"

| Pcs. | 8 Ft. | 10 Ft. | 12 Ft. | 14 Ft. | 16 Ft. | 18 Ft. | 20 Ft. |
|---|---|---|---|---|---|---|---|
| 51 | 204 | 255 | 306 | 357 | 408 | 459 | 510 |
| 52 | 208 | 260 | 312 | 364 | 416 | 468 | 520 |
| 53 | 212 | 265 | 318 | 371 | 424 | 477 | 530 |
| 54 | 216 | 270 | 324 | 378 | 432 | 486 | 540 |
| 55 | 220 | 275 | 330 | 385 | 440 | 495 | 550 |
| 56 | 224 | 280 | 336 | 392 | 448 | 504 | 560 |
| 57 | 228 | 285 | 342 | 399 | 456 | 513 | 570 |
| 58 | 232 | 290 | 348 | 406 | 464 | 522 | 580 |
| 59 | 236 | 295 | 354 | 413 | 472 | 531 | 590 |
| 60 | 240 | 300 | 360 | 420 | 480 | 540 | 600 |
| 61 | 244 | 305 | 366 | 427 | 488 | 549 | 610 |
| 62 | 248 | 310 | 372 | 434 | 496 | 558 | 620 |
| 63 | 252 | 315 | 378 | 441 | 504 | 567 | 630 |
| 64 | 256 | 320 | 384 | 448 | 512 | 576 | 640 |
| 65 | 260 | 325 | 390 | 455 | 520 | 585 | 650 |
| 66 | 264 | 330 | 396 | 462 | 528 | 594 | 660 |
| 67 | 268 | 335 | 402 | 469 | 536 | 603 | 670 |
| 68 | 272 | 340 | 408 | 476 | 544 | 612 | 680 |
| 69 | 276 | 345 | 414 | 483 | 552 | 621 | 690 |
| 70 | 280 | 350 | 420 | 490 | 560 | 630 | 700 |
| 71 | 284 | 355 | 426 | 497 | 568 | 639 | 710 |
| 72 | 288 | 360 | 432 | 504 | 576 | 648 | 720 |
| 73 | 292 | 365 | 438 | 511 | 584 | 657 | 730 |
| 74 | 296 | 370 | 444 | 518 | 592 | 666 | 740 |
| 75 | 300 | 375 | 450 | 525 | 600 | 675 | 750 |
| 76 | 304 | 380 | 456 | 532 | 608 | 684 | 760 |
| 77 | 308 | 385 | 462 | 539 | 616 | 693 | 770 |
| 78 | 312 | 390 | 468 | 546 | 624 | 702 | 780 |
| 79 | 316 | 395 | 474 | 553 | 632 | 711 | 790 |
| 80 | 320 | 400 | 480 | 560 | 640 | 720 | 800 |
| 81 | 324 | 405 | 486 | 567 | 648 | 729 | 810 |
| 82 | 328 | 410 | 492 | 574 | 656 | 738 | 820 |
| 83 | 332 | 415 | 498 | 581 | 664 | 747 | 830 |
| 84 | 336 | 420 | 504 | 588 | 672 | 756 | 840 |
| 85 | 340 | 425 | 510 | 595 | 680 | 765 | 850 |
| 86 | 344 | 430 | 516 | 602 | 688 | 774 | 860 |
| 87 | 348 | 435 | 522 | 609 | 696 | 783 | 870 |
| 88 | 352 | 440 | 528 | 616 | 704 | 792 | 880 |
| 89 | 356 | 445 | 534 | 623 | 712 | 801 | 890 |
| 90 | 360 | 450 | 540 | 630 | 720 | 810 | 900 |
| 91 | 364 | 455 | 546 | 637 | 728 | 819 | 910 |
| 92 | 368 | 460 | 552 | 644 | 736 | 828 | 920 |
| 93 | 372 | 465 | 558 | 651 | 744 | 837 | 930 |
| 94 | 376 | 470 | 564 | 658 | 752 | 846 | 940 |
| 95 | 380 | 475 | 570 | 665 | 760 | 855 | 950 |
| 96 | 384 | 480 | 576 | 672 | 768 | 864 | 960 |
| 97 | 388 | 485 | 582 | 679 | 776 | 873 | 970 |
| 98 | 392 | 490 | 588 | 686 | 784 | 882 | 980 |
| 99 | 396 | 495 | 594 | 693 | 792 | 891 | 990 |
| 100 | 400 | 500 | 600 | 700 | 800 | 900 | 1000 |

2" x 3"

| Pcs. | 8 Ft. | 10 Ft. | 12 Ft. | 14 Ft. | 16 Ft. | 18 Ft. | 20 Ft. |
|---|---|---|---|---|---|---|---|
| 101 | 404 | 505 | 606 | 707 | 808 | 909 | 1010 |
| 102 | 408 | 510 | 612 | 714 | 816 | 918 | 1020 |
| 103 | 412 | 515 | 618 | 721 | 824 | 927 | 1030 |
| 104 | 416 | 520 | 624 | 728 | 832 | 936 | 1040 |
| 105 | 420 | 525 | 630 | 735 | 840 | 945 | 1050 |
| 106 | 424 | 530 | 636 | 742 | 848 | 954 | 1060 |
| 107 | 428 | 535 | 642 | 749 | 856 | 963 | 1070 |
| 108 | 432 | 540 | 648 | 756 | 864 | 972 | 1080 |
| 109 | 436 | 545 | 654 | 763 | 872 | 981 | 1090 |
| 110 | 440 | 550 | 660 | 770 | 880 | 990 | 1100 |
| 111 | 444 | 555 | 666 | 777 | 888 | 999 | 1110 |
| 112 | 448 | 560 | 672 | 784 | 896 | 1008 | 1120 |
| 113 | 452 | 565 | 678 | 791 | 904 | 1017 | 1130 |
| 114 | 456 | 570 | 684 | 798 | 912 | 1026 | 1140 |
| 115 | 460 | 575 | 690 | 805 | 920 | 1035 | 1150 |
| 116 | 464 | 580 | 696 | 812 | 928 | 1044 | 1160 |
| 117 | 468 | 585 | 702 | 819 | 936 | 1053 | 1170 |
| 118 | 472 | 590 | 708 | 826 | 944 | 1062 | 1180 |
| 119 | 476 | 595 | 714 | 833 | 952 | 1071 | 1190 |
| 120 | 480 | 600 | 720 | 840 | 960 | 1080 | 1200 |
| 121 | 484 | 605 | 726 | 847 | 968 | 1089 | 1210 |
| 122 | 488 | 610 | 732 | 854 | 976 | 1098 | 1220 |
| 123 | 492 | 615 | 738 | 861 | 984 | 1107 | 1230 |
| 124 | 496 | 620 | 744 | 868 | 992 | 1116 | 1240 |
| 125 | 500 | 625 | 750 | 875 | 1000 | 1125 | 1250 |
| 126 | 504 | 630 | 756 | 882 | 1008 | 1134 | 1260 |
| 127 | 508 | 635 | 762 | 889 | 1016 | 1143 | 1270 |
| 128 | 512 | 640 | 768 | 896 | 1024 | 1152 | 1280 |
| 129 | 516 | 645 | 774 | 903 | 1032 | 1161 | 1290 |
| 130 | 520 | 650 | 780 | 910 | 1040 | 1170 | 1300 |
| 131 | 524 | 655 | 786 | 917 | 1048 | 1179 | 1310 |
| 132 | 528 | 660 | 792 | 924 | 1056 | 1188 | 1320 |
| 133 | 532 | 665 | 798 | 931 | 1064 | 1197 | 1330 |
| 134 | 536 | 670 | 804 | 938 | 1072 | 1206 | 1340 |
| 135 | 540 | 675 | 810 | 945 | 1080 | 1215 | 1350 |
| 136 | 544 | 680 | 816 | 952 | 1088 | 1224 | 1360 |
| 137 | 548 | 685 | 822 | 959 | 1096 | 1233 | 1370 |
| 138 | 552 | 690 | 828 | 966 | 1104 | 1242 | 1380 |
| 139 | 556 | 695 | 834 | 973 | 1112 | 1251 | 1390 |
| 140 | 560 | 700 | 840 | 980 | 1120 | 1260 | 1400 |
| 141 | 564 | 705 | 846 | 987 | 1128 | 1269 | 1410 |
| 142 | 568 | 710 | 852 | 994 | 1136 | 1278 | 1420 |
| 143 | 572 | 715 | 858 | 1001 | 1144 | 1287 | 1430 |
| 144 | 576 | 720 | 864 | 1008 | 1152 | 1296 | 1440 |
| 145 | 580 | 725 | 870 | 1015 | 1160 | 1305 | 1450 |
| 146 | 584 | 730 | 876 | 1022 | 1168 | 1314 | 1460 |
| 147 | 588 | 735 | 882 | 1029 | 1176 | 1323 | 1470 |
| 148 | 592 | 740 | 888 | 1036 | 1184 | 1332 | 1480 |
| 149 | 596 | 745 | 894 | 1043 | 1192 | 1341 | 1490 |
| 150 | 600 | 750 | 900 | 1050 | 1200 | 1350 | 1500 |

## 2" x 3"

| Pcs. | 8 Ft. | 10 Ft. | 12 Ft. | 14 Ft. | 16 Ft. | 18 Ft. | 20 Ft. |
|---|---|---|---|---|---|---|---|
| 151 | 604 | 755 | 906 | 1057 | 1208 | 1359 | 1510 |
| 152 | 608 | 760 | 912 | 1064 | 1216 | 1368 | 1520 |
| 153 | 612 | 765 | 918 | 1071 | 1224 | 1377 | 1530 |
| 154 | 616 | 770 | 924 | 1078 | 1232 | 1386 | 1540 |
| 155 | 620 | 775 | 930 | 1085 | 1240 | 1395 | 1550 |
| 156 | 624 | 780 | 936 | 1092 | 1248 | 1404 | 1560 |
| 157 | 628 | 785 | 942 | 1099 | 1256 | 1413 | 1570 |
| 158 | 632 | 790 | 948 | 1106 | 1264 | 1422 | 1580 |
| 159 | 636 | 795 | 954 | 1113 | 1272 | 1431 | 1590 |
| 160 | 640 | 800 | 960 | 1120 | 1280 | 1440 | 1600 |
| 161 | 644 | 805 | 966 | 1127 | 1288 | 1449 | 1610 |
| 162 | 648 | 810 | 972 | 1134 | 1296 | 1458 | 1620 |
| 163 | 652 | 815 | 978 | 1141 | 1304 | 1467 | 1630 |
| 164 | 656 | 820 | 984 | 1148 | 1312 | 1476 | 1640 |
| 165 | 660 | 825 | 990 | 1155 | 1320 | 1485 | 1650 |
| 166 | 664 | 830 | 996 | 1162 | 1328 | 1494 | 1660 |
| 167 | 668 | 835 | 1002 | 1169 | 1336 | 1503 | 1670 |
| 168 | 672 | 840 | 1008 | 1176 | 1344 | 1512 | 1680 |
| 169 | 676 | 845 | 1014 | 1183 | 1352 | 1521 | 1690 |
| 170 | 680 | 850 | 1020 | 1190 | 1360 | 1530 | 1700 |
| 171 | 684 | 855 | 1026 | 1197 | 1368 | 1539 | 1710 |
| 172 | 688 | 860 | 1032 | 1204 | 1376 | 1548 | 1720 |
| 173 | 692 | 865 | 1038 | 1211 | 1384 | 1557 | 1730 |
| 174 | 696 | 870 | 1044 | 1218 | 1392 | 1566 | 1740 |
| 175 | 700 | 875 | 1050 | 1225 | 1400 | 1575 | 1750 |
| 176 | 704 | 880 | 1056 | 1232 | 1408 | 1584 | 1760 |
| 177 | 708 | 885 | 1062 | 1239 | 1416 | 1593 | 1770 |
| 178 | 712 | 890 | 1068 | 1246 | 1424 | 1602 | 1780 |
| 179 | 716 | 895 | 1074 | 1253 | 1432 | 1611 | 1790 |
| 180 | 720 | 900 | 1080 | 1260 | 1440 | 1620 | 1800 |
| 181 | 724 | 905 | 1086 | 1267 | 1448 | 1629 | 1810 |
| 182 | 728 | 910 | 1092 | 1274 | 1456 | 1638 | 1820 |
| 183 | 732 | 915 | 1098 | 1281 | 1464 | 1647 | 1830 |
| 184 | 736 | 920 | 1104 | 1288 | 1472 | 1656 | 1840 |
| 185 | 740 | 925 | 1110 | 1295 | 1480 | 1665 | 1850 |
| 186 | 744 | 930 | 1116 | 1302 | 1488 | 1674 | 1860 |
| 187 | 748 | 935 | 1122 | 1309 | 1496 | 1683 | 1870 |
| 188 | 752 | 940 | 1128 | 1316 | 1504 | 1692 | 1880 |
| 189 | 756 | 945 | 1134 | 1323 | 1512 | 1701 | 1890 |
| 190 | 760 | 950 | 1140 | 1330 | 1520 | 1710 | 1900 |
| 191 | 764 | 955 | 1146 | 1337 | 1528 | 1719 | 1910 |
| 192 | 768 | 960 | 1152 | 1344 | 1536 | 1728 | 1920 |
| 193 | 772 | 965 | 1158 | 1351 | 1544 | 1737 | 1930 |
| 194 | 776 | 970 | 1164 | 1358 | 1552 | 1746 | 1940 |
| 195 | 780 | 975 | 1170 | 1365 | 1560 | 1755 | 1950 |
| 196 | 784 | 980 | 1176 | 1372 | 1568 | 1764 | 1960 |
| 197 | 788 | 985 | 1182 | 1379 | 1576 | 1773 | 1970 |
| 198 | 792 | 990 | 1188 | 1386 | 1584 | 1782 | 1980 |
| 199 | 796 | 995 | 1194 | 1393 | 1592 | 1791 | 1990 |
| 200 | 800 | 1000 | 1200 | 1400 | 1600 | 1800 | 2000 |

## 2" x 3"

| Pcs. | 8 Ft. | 10 Ft. | 12 Ft. | 14 Ft. | 16 Ft. | 18 Ft. | 20 Ft. |
|---|---|---|---|---|---|---|---|
| 300 | 1200 | 1500 | 1800 | 2100 | 2400 | 2700 | 3000 |
| 400 | 1600 | 2000 | 2400 | 2800 | 3200 | 3600 | 4000 |
| 500 | 2000 | 2500 | 3000 | 3500 | 4000 | 4500 | 5000 |
| 600 | 2400 | 3000 | 3600 | 4200 | 4800 | 5400 | 6000 |
| 700 | 2800 | 3500 | 4200 | 4900 | 5600 | 6300 | 7000 |
| 800 | 3200 | 4000 | 4800 | 5600 | 6400 | 7200 | 8000 |
| 900 | 3600 | 4500 | 5400 | 6300 | 7200 | 8100 | 9000 |
| 1000 | 4000 | 5000 | 6000 | 7000 | 8000 | 9000 | 10000 |

2" x 4"

| Pcs. | 8 Ft. | 10 Ft. | 12 Ft. | 14 Ft. | 16 Ft. | 18 Ft. | 20 Ft. | 22 Ft. |
|---|---|---|---|---|---|---|---|---|
| 1 | 5.3 | 6.7 | 8. | 9.3 | 10.7 | 12. | 13.3 | 14.7 |
| 2 | 10.7 | 13.3 | 16. | 18.7 | 21.3 | 24. | 26.7 | 29.3 |
| 3 | 16. | 20. | 24. | 28. | 32. | 36. | 40. | 44. |
| 4 | 21.3 | 26.7 | 32. | 37.3 | 42.7 | 48. | 53.3 | 58.7 |
| 5 | 26.7 | 33.3 | 40. | 46.7 | 53.3 | 60. | 66.7 | 73.3 |
| 6 | 32. | 40. | 48. | 56. | 64. | 72. | 80. | 88. |
| 7 | 37.3 | 46.7 | 56. | 65.3 | 74.7 | 84. | 93.3 | 102.7 |
| 8 | 42.7 | 53.3 | 64. | 74.7 | 85.3 | 96 | 106.7 | 117.3 |
| 9 | 48. | 60. | 72. | 84. | 96. | 108. | 120. | 132. |
| 10 | 53.3 | 66.7 | 80. | 93.3 | 106.7 | 120. | 133.3 | 146.7 |
| 11 | 58.7 | 73.3 | 88. | 102.7 | 117.3 | 132. | 146.7 | 161.3 |
| 12 | 64. | 80. | 96. | 112. | 128. | 144. | 160. | 176. |
| 13 | 69.3 | 86.7 | 104. | 121.3 | 138.7 | 156. | 173.3 | 190.7 |
| 14 | 74.7 | 93.3 | 112. | 130.7 | 149.3 | 168. | 186.7 | 205.3 |
| 15 | 80. | 100. | 120. | 140. | 160. | 180. | 200. | 220. |
| 16 | 85.3 | 106.7 | 128. | 149.3 | 170.7 | 192. | 213.3 | 234.7 |
| 17 | 90.7 | 113.3 | 136. | 158.7 | 181.3 | 204. | 226.7 | 249.3 |
| 18 | 96. | 120. | 144. | 168. | 192. | 216. | 240. | 264. |
| 19 | 101.3 | 126.7 | 152. | 177.3 | 202.7 | 228. | 253.3 | 278.7 |
| 20 | 106.7 | 133.3 | 160. | 186.7 | 213.3 | 240. | 266.7 | 293.3 |
| 21 | 112 | 140. | 168. | 196. | 224. | 252. | 280. | 308. |
| 22 | 117.3 | 146.7 | 176. | 205.3 | 234.7 | 264. | 293.3 | 322.7 |
| 23 | 122.7 | 153.3 | 184. | 214.7 | 245.3 | 276. | 306.7 | 337.3 |
| 24 | 128. | 160. | 192. | 224. | 256. | 288. | 320. | 352. |
| 25 | 133.3 | 166.7 | 200. | 233.3 | 266.7 | 300. | 333.3 | 366.7 |
| 26 | 138.7 | 173.3 | 208. | 242.7 | 277.3 | 312. | 346.7 | 381.3 |
| 27 | 144. | 180. | 216. | 252. | 288. | 324. | 360. | 396. |
| 28 | 149.3 | 186.7 | 224. | 261.3 | 298.7 | 336. | 373.3 | 410.7 |
| 29 | 154.7 | 193.3 | 232. | 270.7 | 309.3 | 348. | 386.7 | 425.3 |
| 30 | 160. | 200. | 240. | 280. | 320. | 360. | 400. | 440. |
| 31 | 165.3 | 206.7 | 248. | 289.3 | 330.7 | 372. | 413.3 | 454.7 |
| 32 | 170.7 | 213.3 | 256. | 298.7 | 341.3 | 384. | 426.7 | 469.3 |
| 33 | 176. | 220. | 264. | 308. | 352. | 396. | 440. | 484. |
| 34 | 181.3 | 226.7 | 272. | 317.3 | 362.7 | 408. | 453.3 | 498.7 |
| 35 | 186.7 | 233.3 | 280. | 326.7 | 373.3 | 420. | 466.7 | 513.3 |
| 36 | 192. | 240. | 288. | 336. | 384. | 432. | 480. | 528. |
| 37 | 197.3 | 246.7 | 296. | 345.3 | 394.7 | 444. | 493.3 | 542.7 |
| 38 | 202.7 | 253.3 | 304. | 354.7 | 405.3 | 456. | 506.7 | 557.3 |
| 39 | 208. | 260. | 312. | 364. | 416. | 468. | 520. | 572. |
| 40 | 213.3 | 266.7 | 320. | 373.3 | 426.7 | 480. | 533.3 | 586.7 |
| 41 | 218.7 | 273.3 | 328. | 382.7 | 437.3 | 492. | 546.7 | 601.3 |
| 42 | 224. | 280. | 336. | 392. | 448. | 504. | 560. | 616. |
| 43 | 229.3 | 286.7 | 344. | 401.3 | 458.7 | 516. | 573.3 | 630.7 |
| 44 | 234.7 | 293.3 | 352. | 410.7 | 469.3 | 528. | 586.7 | 645.3 |
| 45 | 240. | 300. | 360. | 420. | 480. | 540. | 600. | 660. |
| 46 | 245.3 | 306.7 | 368. | 429.3 | 490.7 | 552. | 613.3 | 674.7 |
| 47 | 250.7 | 313.3 | 376. | 438.7 | 501.3 | 564. | 626.7 | 689.3 |
| 48 | 256. | 320. | 384. | 448. | 512. | 576. | 640. | 704. |
| 49 | 261.3 | 326.7 | 392. | 457.3 | 522.7 | 588. | 653.3 | 718.7 |
| 50 | 266.7 | 333.3 | 400. | 466.7 | 533.3 | 600. | 666.7 | 733.3 |

## 2" x 4"

| Pcs. | 8 Ft. | 10 Ft. | 12 Ft. | 14 Ft. | 16 Ft. | 18 Ft. | 20 Ft. | 22 Ft. |
|---|---|---|---|---|---|---|---|---|
| 51 | 272. | 340. | 408. | 476. | 544. | 612. | 680. | 748. |
| 52 | 277.3 | 346.7 | 416. | 485.3 | 554.3 | 624. | 693.3 | 762.7 |
| 53 | 282.7 | 353.3 | 424. | 494.7 | 565.3 | 636. | 706.7 | 777.3 |
| 54 | 288. | 360. | 432. | 504. | 576. | 648. | 720. | 792. |
| 55 | 293.3 | 366.7 | 440. | 513.3 | 586.7 | 660. | 733.3 | 806.7 |
| 56 | 298.7 | 373.3 | 448. | 522.7 | 597.3 | 672. | 746.7 | 821.3 |
| 57 | 304. | 380. | 456. | 532. | 608. | 684. | 760. | 836. |
| 58 | 309.3 | 386.7 | 464. | 541.3 | 618.7 | 696. | 773.3 | 850.7 |
| 59 | 314.7 | 393.3 | 472. | 550.7 | 629.3 | 708. | 786.7 | 865.3 |
| 60 | 320. | 400. | 480. | 560. | 640. | 720. | 800. | 880. |
| 61 | 325.3 | 406.7 | 488. | 569.3 | 650.7 | 732. | 813.3 | 894.7 |
| 62 | 330.7 | 413.3 | 496. | 578.7 | 661.3 | 744. | 826.7 | 909.3 |
| 63 | 336. | 420. | 504. | 588. | 672. | 756. | 840. | 924. |
| 64 | 341.3 | 426.7 | 512. | 597.3 | 682.7 | 768. | 853.3 | 938.7 |
| 65 | 346.7 | 433.3 | 520. | 606.7 | 693.3 | 780. | 866.7 | 953.3 |
| 66 | 352. | 440. | 528. | 616. | 704. | 792. | 880. | 968. |
| 67 | 357.3 | 446.7 | 536. | 625.3 | 714.7 | 804. | 893.3 | 982.7 |
| 68 | 362.7 | 453.3 | 544. | 634.7 | 725.3 | 816. | 906.7 | 997.3 |
| 69 | 368. | 460. | 552. | 644. | 736. | 828. | 920. | 1012. |
| 70 | 373.3 | 466.7 | 560. | 653.3 | 746.7 | 840. | 933.3 | 1026.7 |
| 71 | 378.7 | 473.3 | 568. | 662.7 | 757.3 | 852. | 946.7 | 1041.3 |
| 72 | 384. | 480. | 576. | 672. | 768. | 864. | 960. | 1056. |
| 73 | 389.3 | 486.7 | 584. | 681.3 | 778.7 | 876. | 973.3 | 1070.7 |
| 74 | 394.7 | 493.3 | 592. | 690.7 | 789.3 | 888. | 986.7 | 1085.3 |
| 75 | 400. | 500. | 600. | 700. | 800. | 900. | 1000. | 1100. |
| 76 | 405.3 | 506.7 | 608. | 709.3 | 810.7 | 912. | 1013.3 | 1114.7 |
| 77 | 410.7 | 513.3 | 616. | 718.7 | 821.3 | 924. | 1026.7 | 1129.3 |
| 78 | 416. | 520. | 624. | 728. | 832. | 936. | 1040. | 1144. |
| 79 | 421.3 | 526.7 | 632. | 737.3 | 842.7 | 948. | 1053.3 | 1158.7 |
| 80 | 426.7 | 533.3 | 640. | 746.7 | 853.3 | 960. | 1066.7 | 1173.3 |
| 81 | 432. | 540. | 648. | 756. | 864. | 972. | 1080. | 1188. |
| 82 | 437.3 | 546.7 | 656. | 765.3 | 874.7 | 984. | 1093.3 | 1202.7 |
| 83 | 442.7 | 553.3 | 664. | 774.7 | 885.3 | 996. | 1106.7 | 1217.3 |
| 84 | 448. | 560. | 672. | 784. | 896. | 1008. | 1120. | 1232. |
| 85 | 453.3 | 566.7 | 680. | 793.3 | 906.7 | 1020. | 1133.3 | 1246.7 |
| 86 | 458.7 | 573.3 | 688. | 802.7 | 917.3 | 1032. | 1146.7 | 1261.3 |
| 87 | 464. | 580. | 696. | 812. | 928. | 1044. | 1160. | 1276. |
| 88 | 469.3 | 586.7 | 704. | 821.3 | 938.7 | 1056. | 1173.3 | 1290.7 |
| 89 | 474.7 | 593.3 | 712. | 830.7 | 949.3 | 1068 | 1186.7 | 1305.3 |
| 90 | 480. | 600. | 720. | 840. | 960. | 1080. | 1200. | 1320. |
| 91 | 485.3 | 606.7 | 728. | 849.3 | 970.7 | 1092. | 1213.3 | 1334.7 |
| 92 | 490.7 | 613.3 | 736. | 858.7 | 981.3 | 1104. | 1226.7 | 1349.3 |
| 93 | 496. | 620. | 744. | 868. | 992. | 1116. | 1240. | 1364. |
| 94 | 501.3 | 626.7 | 752. | 877.3 | 1002.7 | 1128. | 1253.3 | 1378.7 |
| 95 | 506.7 | 633.3 | 760. | 886.7 | 1013.3 | 1140. | 1266.7 | 1393.3 |
| 96 | 512. | 640. | 768. | 896. | 1024. | 1152 | 1280. | 1408. |
| 97 | 517.3 | 646.7 | 776. | 905.3 | 1034.7 | 1164. | 1293.3 | 1422.7 |
| 98 | 522.7 | 653.3 | 784. | 914.7 | 1045.3 | 1176. | 1306.7 | 1437.3 |
| 99 | 528. | 660. | 792. | 924. | 1056. | 1188. | 1320. | 1452. |
| 100 | 533.3 | 666.7 | 800. | 933.3 | 1066.7 | 1200. | 1333.3 | 1466.7 |

2" x 4"

| Pcs. | 8 Ft. | 10 Ft. | 12 Ft. | 14 Ft. | 16 Ft. | 18 Ft. | 20 Ft. | 22 Ft. |
|---|---|---|---|---|---|---|---|---|
| 200 | 1066.7 | 1333.3 | 1600. | 1866.7 | 2133.3 | 2400. | 2666.7 | 2933.3 |
| 300 | 1600. | 2000. | 2400. | 2800. | 3200. | 3600. | 4000. | 4400. |
| 400 | 2133.3 | 2666.7 | 3200. | 3733.3 | 4266.7 | 4800. | 5333.3 | 5866.7 |
| 500 | 2666.7 | 3333.3 | 4000. | 4666.7 | 5333.3 | 6000. | 6666.7 | 7333.3 |
| 600 | 3200. | 4000. | 4800. | 5600. | 6400. | 7200. | 8000. | 8800. |
| 700 | 3733.3 | 4666.7 | 5600. | 6533.3 | 7466.7 | 8400. | 9333.3 | 10266.7 |
| 800 | 4266.7 | 5333.3 | 6400. | 7466.7 | 8533.3 | 9600. | 10666.7 | 11733.3 |
| 900 | 4800. | 6000. | 7200. | 8400. | 9600. | 10800. | 12000. | 13200. |
| 1000 | 5333.3 | 6666.7 | 8000. | 9333.3 | 10666.7 | 12000. | 13333.3 | 14666.7 |

## 2" x 6"

| Pcs. | 8 Ft. | 10 Ft. | 12 Ft. | 14 Ft. | 16 Ft. | 18 Ft. | 20 Ft. | 22 Ft. |
|---|---|---|---|---|---|---|---|---|
| 1 | 8 | 10 | 12 | 14 | 16 | 18 | 20 | 22 |
| 2 | 16 | 20 | 24 | 28 | 32 | 36 | 40 | 44 |
| 3 | 24 | 30 | 36 | 42 | 48 | 54 | 60 | 66 |
| 4 | 32 | 40 | 48 | 56 | 64 | 72 | 80 | 88 |
| 5 | 40 | 50 | 60 | 70 | 80 | 90 | 100 | 110 |
| 6 | 48 | 60 | 72 | 84 | 96 | 108 | 120 | 132 |
| 7 | 56 | 70 | 84 | 98 | 112 | 126 | 140 | 154 |
| 8 | 64 | 80 | 96 | 112 | 128 | 144 | 160 | 176 |
| 9 | 72 | 90 | 108 | 126 | 144 | 162 | 180 | 198 |
| 10 | 80 | 100 | 120 | 140 | 160 | 180 | 200 | 220 |
| 11 | 88 | 110 | 132 | 154 | 176 | 198 | 220 | 242 |
| 12 | 96 | 120 | 144 | 168 | 192 | 216 | 240 | 264 |
| 13 | 104 | 130 | 156 | 182 | 208 | 234 | 260 | 286 |
| 14 | 112 | 140 | 168 | 196 | 224 | 252 | 280 | 308 |
| 15 | 120 | 150 | 180 | 210 | 240 | 270 | 300 | 330 |
| 16 | 128 | 160 | 192 | 224 | 256 | 288 | 320 | 352 |
| 17 | 136 | 170 | 204 | 238 | 272 | 306 | 340 | 374 |
| 18 | 144 | 180 | 216 | 252 | 288 | 324 | 360 | 396 |
| 19 | 152 | 190 | 228 | 266 | 304 | 342 | 380 | 418 |
| 20 | 160 | 200 | 240 | 280 | 320 | 360 | 400 | 440 |
| 21 | 168 | 210 | 252 | 294 | 336 | 378 | 420 | 462 |
| 22 | 176 | 220 | 264 | 308 | 352 | 396 | 440 | 484 |
| 23 | 184 | 230 | 276 | 322 | 368 | 414 | 460 | 506 |
| 24 | 192 | 240 | 288 | 336 | 384 | 432 | 480 | 528 |
| 25 | 200 | 250 | 300 | 350 | 400 | 450 | 500 | 550 |
| 26 | 208 | 260 | 312 | 364 | 416 | 468 | 520 | 572 |
| 27 | 216 | 270 | 324 | 378 | 432 | 486 | 540 | 594 |
| 28 | 224 | 280 | 336 | 392 | 448 | 504 | 560 | 616 |
| 29 | 232 | 290 | 348 | 406 | 464 | 522 | 580 | 638 |
| 30 | 240 | 300 | 360 | 420 | 480 | 540 | 600 | 660 |
| 31 | 248 | 310 | 372 | 434 | 496 | 558 | 620 | 682 |
| 32 | 256 | 320 | 384 | 448 | 512 | 576 | 640 | 704 |
| 33 | 264 | 330 | 396 | 462 | 528 | 594 | 660 | 726 |
| 34 | 272 | 340 | 408 | 476 | 544 | 612 | 680 | 748 |
| 35 | 280 | 350 | 420 | 490 | 560 | 630 | 700 | 770 |
| 36 | 288 | 360 | 432 | 504 | 576 | 648 | 720 | 792 |
| 37 | 296 | 370 | 444 | 518 | 592 | 666 | 740 | 814 |
| 38 | 304 | 380 | 456 | 532 | 608 | 684 | 760 | 836 |
| 39 | 312 | 390 | 468 | 546 | 624 | 702 | 780 | 858 |
| 40 | 320 | 400 | 480 | 560 | 640 | 720 | 800 | 880 |
| 41 | 328 | 410 | 492 | 574 | 656 | 738 | 820 | 902 |
| 42 | 336 | 420 | 504 | 588 | 672 | 756 | 840 | 924 |
| 43 | 344 | 430 | 516 | 602 | 688 | 774 | 860 | 946 |
| 44 | 352 | 440 | 528 | 616 | 704 | 792 | 880 | 968 |
| 45 | 360 | 450 | 540 | 630 | 720 | 810 | 900 | 990 |
| 46 | 368 | 460 | 552 | 644 | 736 | 828 | 920 | 1012 |
| 47 | 376 | 470 | 564 | 658 | 752 | 846 | 940 | 1034 |
| 48 | 384 | 480 | 576 | 672 | 768 | 864 | 960 | 1056 |
| 49 | 392 | 490 | 588 | 686 | 784 | 882 | 980 | 1078 |
| 50 | 400 | 500 | 600 | 700 | 800 | 900 | 1000 | 1100 |

## 2" x 6"

| Pcs. | 8 Ft. | 10 Ft. | 12 Ft. | 14 Ft. | 16 Ft. | 18 Ft. | 20 Ft. | 22 Ft. |
|---|---|---|---|---|---|---|---|---|
| 51 | 408 | 510 | 612 | 714 | 816 | 918 | 1020 | 1122 |
| 52 | 416 | 520 | 624 | 728 | 832 | 936 | 1040 | 1144 |
| 53 | 424 | 530 | 636 | 742 | 848 | 954 | 1060 | 1166 |
| 54 | 432 | 540 | 648 | 756 | 864 | 972 | 1080 | 1188 |
| 55 | 440 | 550 | 660 | 770 | 880 | 990 | 1100 | 1210 |
| 56 | 448 | 560 | 672 | 784 | 896 | 1008 | 1120 | 1232 |
| 57 | 456 | 570 | 684 | 798 | 912 | 1026 | 1140 | 1254 |
| 58 | 464 | 580 | 696 | 812 | 928 | 1044 | 1160 | 1276 |
| 59 | 472 | 590 | 708 | 826 | 944 | 1062 | 1180 | 1298 |
| 60 | 480 | 600 | 720 | 840 | 960 | 1080 | 1200 | 1320 |
| 61 | 488 | 610 | 732 | 854 | 976 | 1098 | 1220 | 1342 |
| 62 | 496 | 620 | 744 | 868 | 992 | 1116 | 1240 | 1364 |
| 63 | 504 | 630 | 756 | 882 | 1008 | 1134 | 1260 | 1386 |
| 64 | 512 | 640 | 768 | 896 | 1024 | 1152 | 1280 | 1408 |
| 65 | 520 | 650 | 780 | 910 | 1040 | 1170 | 1300 | 1430 |
| 66 | 528 | 660 | 792 | 924 | 1056 | 1188 | 1320 | 1452 |
| 67 | 536 | 670 | 804 | 938 | 1072 | 1206 | 1340 | 1474 |
| 68 | 544 | 680 | 816 | 952 | 1088 | 1224 | 1360 | 1496 |
| 69 | 552 | 690 | 828 | 966 | 1104 | 1242 | 1380 | 1518 |
| 70 | 560 | 700 | 840 | 980 | 1120 | 1260 | 1400 | 1540 |
| 71 | 568 | 710 | 852 | 994 | 1136 | 1278 | 1420 | 1562 |
| 72 | 576 | 720 | 864 | 1008 | 1152 | 1296 | 1440 | 1584 |
| 73 | 584 | 730 | 876 | 1022 | 1168 | 1314 | 1460 | 1606 |
| 74 | 592 | 740 | 888 | 1036 | 1184 | 1332 | 1480 | 1628 |
| 75 | 600 | 750 | 900 | 1050 | 1200 | 1350 | 1500 | 1650 |
| 76 | 608 | 760 | 912 | 1064 | 1216 | 1368 | 1520 | 1672 |
| 77 | 616 | 770 | 924 | 1078 | 1232 | 1386 | 1540 | 1694 |
| 78 | 624 | 780 | 936 | 1092 | 1248 | 1404 | 1560 | 1716 |
| 79 | 632 | 790 | 948 | 1106 | 1264 | 1422 | 1580 | 1738 |
| 80 | 640 | 800 | 960 | 1120 | 1280 | 1440 | 1600 | 1760 |
| 81 | 648 | 810 | 972 | 1134 | 1296 | 1458 | 1620 | 1782 |
| 82 | 656 | 820 | 984 | 1148 | 1312 | 1476 | 1640 | 1804 |
| 83 | 664 | 830 | 996 | 1162 | 1328 | 1494 | 1660 | 1826 |
| 84 | 672 | 840 | 1008 | 1176 | 1344 | 1512 | 1680 | 1848 |
| 85 | 680 | 850 | 1020 | 1190 | 1360 | 1530 | 1700 | 1870 |
| 86 | 688 | 860 | 1032 | 1204 | 1376 | 1548 | 1720 | 1892 |
| 87 | 696 | 870 | 1044 | 1218 | 1392 | 1566 | 1740 | 1914 |
| 88 | 704 | 880 | 1056 | 1232 | 1408 | 1584 | 1760 | 1936 |
| 89 | 712 | 890 | 1068 | 1246 | 1424 | 1602 | 1780 | 1958 |
| 90 | 720 | 900 | 1080 | 1260 | 1440 | 1620 | 1800 | 1980 |
| 91 | 728 | 910 | 1092 | 1274 | 1456 | 1638 | 1820 | 2002 |
| 92 | 736 | 920 | 1104 | 1288 | 1472 | 1656 | 1840 | 2024 |
| 93 | 744 | 930 | 1116 | 1302 | 1488 | 1674 | 1860 | 2046 |
| 94 | 952 | 940 | 1128 | 1316 | 1504 | 1692 | 1880 | 2068 |
| 95 | 760 | 950 | 1140 | 1330 | 1520 | 1710 | 1900 | 2090 |
| 96 | 768 | 960 | 1152 | 1344 | 1536 | 1728 | 1920 | 2112 |
| 97 | 776 | 970 | 1164 | 1358 | 1552 | 1746 | 1940 | 2134 |
| 98 | 784 | 980 | 1176 | 1372 | 1568 | 1764 | 1960 | 2156 |
| 99 | 792 | 990 | 1188 | 1386 | 1584 | 1782 | 1980 | 2178 |
| 100 | 800 | 1000 | 1200 | 1400 | 1600 | 1800 | 2000 | 2200 |

2" x 6"

| Pcs. | 8 Ft. | 10 Ft. | 12 Ft. | 14 Ft. | 16 Ft. | 18 Ft. | 20 Ft. | 22 Ft. |
|---|---|---|---|---|---|---|---|---|
| 200 | 1600 | 2000 | 2400 | 2800 | 3200 | 3600 | 4000 | 4400 |
| 300 | 2400 | 3000 | 3600 | 4200 | 4800 | 5400 | 6000 | 6600 |
| 400 | 3200 | 4000 | 4800 | 5600 | 6400 | 7200 | 8000 | 8800 |
| 500 | 4000 | 5000 | 6000 | 7000 | 8000 | 9000 | 10000 | 11000 |
| 600 | 4800 | 6000 | 7200 | 8400 | 9600 | 10800 | 12000 | 13200 |
| 700 | 5600 | 7000 | 8400 | 9800 | 11200 | 12600 | 14000 | 15400 |
| 800 | 6400 | 8000 | 9600 | 11200 | 12800 | 14400 | 16000 | 17600 |
| 900 | 7200 | 9000 | 10800 | 12600 | 14400 | 16200 | 18000 | 19800 |
| 1000 | 8000 | 10000 | 12000 | 14000 | 16000 | 18000 | 20000 | 22000 |

## 2" x 8"

| Pcs. | 8 Ft. | 10 Ft. | 12 Ft. | 14 Ft. | 16 Ft. | 18 Ft. | 20 Ft. | 22 Ft. |
|---|---|---|---|---|---|---|---|---|
| 1 | 10.7 | 13.3 | 16. | 18.7 | 21.3 | 24. | 26.7 | 29.3 |
| 2 | 21.3 | 26.7 | 32. | 37.3 | 42.7 | 48. | 53.3 | 58.7 |
| 3 | 32. | 40. | 48. | 56. | 64. | 72. | 80. | 88. |
| 4 | 42.7 | 53.3 | 64. | 74.7 | 85.3 | 96. | 106.7 | 117.3 |
| 5 | 53.3 | 66.7 | 80. | 93.3 | 106.7 | 120. | 133.3 | 146.7 |
| 6 | 64. | 80. | 96. | 112. | 128. | 144. | 160. | 176. |
| 7 | 74.7 | 93.3 | 112. | 130.7 | 149.3 | 168. | 186.7 | 205.3 |
| 8 | 85.3 | 106.7 | 128. | 149.3 | 170.7 | 192. | 213.3 | 234.7 |
| 9 | 96. | 120. | 144. | 168. | 192. | 216. | 240. | 264. |
| 10 | 106.7 | 133.3 | 160. | 186.7 | 213.3 | 240. | 266.7 | 293.3 |
| 11 | 117.3 | 146.7 | 176. | 205.3 | 234.7 | 264. | 293.3 | 322.7 |
| 12 | 128. | 160. | 192. | 224. | 256. | 288. | 320. | 352. |
| 13 | 138.7 | 173.3 | 208. | 242.7 | 277.3 | 312. | 346.7 | 381.3 |
| 14 | 149.3 | 186.7 | 224. | 261.3 | 298.7 | 336. | 373.3 | 410.7 |
| 15 | 160. | 200. | 240. | 280. | 320. | 360. | 400. | 440. |
| 16 | 170.7 | 213.3 | 256. | 298.7 | 341.3 | 384. | 426.7 | 469.3 |
| 17 | 181.3 | 226.7 | 272. | 317.3 | 362.7 | 408. | 453.3 | 498.7 |
| 18 | 192. | 240. | 288. | 336. | 384. | 432. | 480. | 528. |
| 19 | 202.7 | 253.3 | 304. | 354.7 | 405.3 | 456. | 506.7 | 557.3 |
| 20 | 213.3 | 266.7 | 320. | 373.3 | 426.7 | 480. | 533.3 | 586.7 |
| 21 | 224. | 280. | 336. | 392. | 448. | 504. | 560. | 616. |
| 22 | 234.7 | 293.3 | 352. | 410.7 | 469.3 | 528. | 586.7 | 645.3 |
| 23 | 245.3 | 306.7 | 368. | 429.3 | 490.7 | 552. | 613.3 | 674.7 |
| 24 | 256. | 320. | 384. | 448. | 512. | 576. | 640. | 704. |
| 25 | 266.7 | 333.3 | 400. | 466.7 | 533.3 | 600. | 666.7 | 733.3 |
| 26 | 277.3 | 346.7 | 416. | 485.3 | 554.7 | 624. | 693.3 | 762.7 |
| 27 | 288. | 360. | 432. | 504. | 576. | 648. | 720. | 792. |
| 28 | 298.7 | 373.3 | 448. | 522.7 | 597.3 | 672. | 746.7 | 821.3 |
| 29 | 309.3 | 386.7 | 464. | 541.3 | 618.7 | 696. | 773.3 | 850.7 |
| 30 | 320. | 400. | 480. | 560. | 640. | 720. | 800. | 880. |
| 31 | 330.7 | 413.3 | 496. | 578.7 | 661.3 | 744. | 826.7 | 909.3 |
| 32 | 341.3 | 426.7 | 512. | 597.3 | 682.7 | 768. | 853.3 | 938.7 |
| 33 | 352. | 440. | 528. | 616. | 704. | 792. | 880. | 968. |
| 34 | 362.7 | 453.3 | 544. | 634.7 | 725.3 | 816. | 906.7 | 997.3 |
| 35 | 373.3 | 466.7 | 560. | 653.3 | 746.7 | 840. | 933.3 | 1026.7 |
| 36 | 384. | 480. | 576. | 672. | 768. | 864. | 960. | 1056. |
| 37 | 394.7 | 493.3 | 592. | 690.7 | 789.3 | 888. | 986.7 | 1085.3 |
| 38 | 405.3 | 506.7 | 608. | 709.3 | 810.7 | 912. | 1013.3 | 1114.7 |
| 39 | 416. | 520. | 624. | 728. | 832. | 936. | 1040. | 1144. |
| 40 | 426.7 | 533.3 | 640. | 746.7 | 853.3 | 960. | 1066.7 | 1173.3 |
| 41 | 437.3 | 546.7 | 656. | 765.3 | 874.7 | 984. | 1093.3 | 1202.7 |
| 42 | 448. | 560. | 672. | 784. | 896. | 1008. | 1120. | 1232. |
| 43 | 458.7 | 573.3 | 688. | 802.7 | 917.3 | 1032. | 1146.7 | 1261.3 |
| 44 | 469.3 | 586.7 | 704. | 821.3 | 938.7 | 1056. | 1173.3 | 1290.7 |
| 45 | 480. | 600. | 720. | 840. | 960. | 1080. | 1200. | 1320. |
| 46 | 490.7 | 613.3 | 736. | 858.7 | 981.3 | 1104. | 1226.7 | 1349.3 |
| 47 | 501.3 | 626.7 | 752. | 877.3 | 1002.7 | 1128. | 1253.3 | 1378.7 |
| 48 | 512. | 640. | 768. | 896. | 1024. | 1152. | 1280. | 1408. |
| 49 | 522.7 | 653.3 | 784. | 914.7 | 1045.3 | 1176. | 1306.7 | 1437.3 |
| 50 | 533.3 | 666.7 | 800. | 933.3 | 1066.7 | 1200. | 1333.3 | 1466.7 |

2" x 8"

| Pcs. | 8 Ft. | 10 Ft. | 12 Ft. | 14 Ft. | 16 Ft. | 18 Ft. | 20 Ft. | 22 Ft. |
|---|---|---|---|---|---|---|---|---|
| 51 | 544. | 680. | 816. | 952. | 1088. | 1224. | 1360. | 1496. |
| 52 | 554.7 | 693.3 | 832. | 970.7 | 1109.3 | 1248. | 1386.7 | 1525.3 |
| 53 | 565.3 | 706.7 | 848. | 989.3 | 1130.7 | 1272. | 1413.3 | 1554.7 |
| 54 | 576. | 720. | 864. | 1008. | 1152. | 1296. | 1440. | 1584. |
| 55 | 586.7 | 733.3 | 880. | 1026.7 | 1173.3 | 1320. | 1466.7 | 1613.3 |
| 56 | 597.3 | 746.7 | 896. | 1045.3 | 1194.7 | 1344. | 1493.3 | 1642.7 |
| 57 | 608. | 760. | 912. | 1064. | 1216. | 1368. | 1520. | 1672. |
| 58 | 618.7 | 773.3 | 928. | 1082.7 | 1237.3 | 1392. | 1546.7 | 1701.3 |
| 59 | 629.3 | 786.7 | 944. | 1101.3 | 1258.7 | 1416. | 1573.3 | 1730.7 |
| 60 | 640. | 800. | 960. | 1120. | 1280. | 1440. | 1600. | 1760. |
| 61 | 650.7 | 813.3 | 976. | 1138.7 | 1301.3 | 1464. | 1626.7 | 1789.3 |
| 62 | 661.3 | 826.7 | 992. | 1157.3 | 1322.7 | 1488. | 1653.3 | 1818.7 |
| 63 | 672. | 840. | 1008. | 1176. | 1344. | 1512. | 1680. | 1848. |
| 64 | 682.7 | 853.3 | 1024. | 1194.7 | 1365.3 | 1536. | 1706.7 | 1877.3 |
| 65 | 693.3 | 866.7 | 1040. | 1213.3 | 1386.7 | 1560. | 1733.3 | 1906.7 |
| 66 | 704. | 880. | 1056. | 1232. | 1408. | 1584. | 1760. | 1936. |
| 67 | 714.7 | 893.3 | 1072. | 1250.7 | 1429.3 | 1608. | 1786.7 | 1965.3 |
| 68 | 725.3 | 906.7 | 1088. | 1269.3 | 1450.7 | 1632. | 1813.3 | 1994.7 |
| 69 | 736. | 920. | 1104. | 1288. | 1472. | 1656. | 1840. | 2024. |
| 70 | 746.7 | 933.3 | 1120. | 1306.7 | 1493.3 | 1680. | 1866.7 | 2053.3 |
| 71 | 757.3 | 946.7 | 1136. | 1325.3 | 1514.7 | 1704. | 1893.3 | 2082.7 |
| 72 | 768. | 960. | 1152. | 1344. | 1536. | 1728. | 1920. | 2112. |
| 73 | 778.7 | 973.3 | 1168. | 1362.7 | 1557.3 | 1752. | 1946.7 | 2141.3 |
| 74 | 789.3 | 986.7 | 1184. | 1381.3 | 1578.7 | 1776. | 1973.3 | 2170.7 |
| 75 | 800. | 1000. | 1200. | 1400. | 1600. | 1800. | 2000. | 2200. |
| 76 | 810.7 | 1013.3 | 1216. | 1418.7 | 1621.3 | 1824. | 2026.7 | 2229.3 |
| 77 | 821.3 | 1026.7 | 1232. | 1437.3 | 1642.7 | 1848. | 2053.3 | 2258.7 |
| 78 | 832. | 1040. | 1248. | 1456. | 1664. | 1872. | 2080. | 2288. |
| 79 | 842.7 | 1053.3 | 1264. | 1474.7 | 1685.3 | 1896. | 2106.7 | 2317.3 |
| 80 | 853.3 | 1066.7 | 1280. | 1493.3 | 1706.7 | 1920. | 2133.3 | 2346.7 |
| 81 | 864. | 1080. | 1296. | 1512. | 1728. | 1944. | 2160. | 2376. |
| 82 | 874.7 | 1093.3 | 1312. | 1530.7 | 1749.3 | 1968. | 2186.7 | 2405.3 |
| 83 | 885.3 | 1106.7 | 1328. | 1549.3 | 1770.7 | 1992. | 2213.3 | 2434.7 |
| 84 | 896. | 1120. | 1344. | 1568. | 1792. | 2016. | 2240. | 2464. |
| 85 | 906.7 | 1133.3 | 1360. | 1586.7 | 1813.3 | 2040. | 2266.7 | 2493.3 |
| 86 | 917.3 | 1146.7 | 1376. | 1605.3 | 1834.7 | 2064. | 2293.3 | 2522.7 |
| 87 | 928. | 1160. | 1392. | 1624. | 1856. | 2088. | 2320. | 2552. |
| 88 | 938.7 | 1173.3 | 1408. | 1642.7 | 1877.3 | 2112. | 2346.7 | 2581.3 |
| 89 | 949.3 | 1186.7 | 1424. | 1661.3 | 1898.7 | 2136. | 2373.3 | 2610.7 |
| 90 | 960. | 1200. | 1440. | 1680. | 1920. | 2160. | 2400. | 2640. |
| 91 | 970.7 | 1213.3 | 1456. | 1698.7 | 1941.3 | 2184. | 2426.7 | 2669.3 |
| 92 | 981.3 | 1226.7 | 1472. | 1717.3 | 1962.7 | 2208. | 2453.3 | 2698.7 |
| 93 | 992. | 1240. | 1488. | 1736. | 1984. | 2232. | 2480. | 2728. |
| 94 | 1002.7 | 1253.3 | 1504. | 1754.7 | 2005.3 | 2256. | 2506.7 | 2757.3 |
| 95 | 1013.3 | 1266.7 | 1520. | 1773.3 | 2026.7 | 2280. | 2533.3 | 2786.7 |
| 96 | 1024. | 1280. | 1536. | 1792. | 2048. | 2304. | 2560. | 2816. |
| 97 | 1034.7 | 1293.3 | 1552. | 1810.7 | 2069.3 | 2328. | 2586.7 | 2845.3 |
| 98 | 1045.3 | 1306.7 | 1568. | 1829.3 | 2090.7 | 2352. | 2613.3 | 2874.7 |
| 99 | 1056. | 1320. | 1584. | 1848. | 2112. | 2376. | 2640. | 2904. |
| 100 | 1066.7 | 1333.3 | 1600. | 1866.7 | 2133.3 | 2400. | 2666.7 | 2933.3 |

## 2" x 8"

| Pcs. | 8 Ft. | 10 Ft. | 12 Ft. | 14 Ft. | 16 Ft. | 18 Ft. | 20 Ft. | 22 Ft. |
|---|---|---|---|---|---|---|---|---|
| 200 | 2133.3 | 2666.7 | 3200. | 3733.3 | 4266.7 | 4800. | 5333.3 | 5866.7 |
| 300 | 3200. | 4000. | 4800. | 5600. | 6400. | 7200. | 8000. | 8800. |
| 400 | 4266.7 | 5333.3 | 6400. | 7466.7 | 8533.3 | 9600. | 10666.7 | 11733.3 |
| 500 | 5333.3 | 6666.7 | 8000. | 9333.3 | 10666.7 | 12000. | 13333.3 | 14666.7 |
| 600 | 6400. | 8000. | 9600. | 11200. | 12800. | 14400. | 16000. | 17600. |
| 700 | 7466.7 | 9333.3 | 11200. | 13066.7 | 14933.3 | 16800. | 18666.7 | 20533.3 |
| 800 | 8533.3 | 10666.7 | 12800. | 14933.3 | 17066.7 | 19200. | 21333.3 | 23466.7 |
| 900 | 9600. | 12000. | 14400. | 16800. | 19200. | 21600. | 24000. | 26400. |
| 1000 | 10666.7 | 13333.3 | 16000. | 18666.7 | 21333.3 | 24000. | 26666.7 | 29333.3 |

## 2" x 10"

| Pcs. | 8 Ft. | 10 Ft. | 12 Ft. | 14 Ft. | 16 Ft. | 18 Ft. | 20 Ft. | 22 Ft. |
|---|---|---|---|---|---|---|---|---|
| 1 | 13.3 | 16.7 | 20. | 23.3 | 26.7 | 30. | 33.3 | 36.7 |
| 2 | 26.7 | 33.3 | 40. | 46.7 | 53.3 | 60. | 66.7 | 73.3 |
| 3 | 40. | 50. | 60. | 70. | 80. | 90. | 100. | 110. |
| 4 | 53.3 | 66.7 | 80. | 93.3 | 106.7 | 120. | 133.3 | 146.7 |
| 5 | 66.7 | 83.3 | 100. | 116.7 | 133.7 | 150. | 166.7 | 183.3 |
| 6 | 80. | 100. | 120. | 140. | 160. | 180. | 200. | 220. |
| 7 | 93.3 | 116.7 | 140. | 163.3 | 186.7 | 210. | 233.3 | 256.7 |
| 8 | 106.7 | 133.3 | 160. | 186.7 | 213.3 | 240. | 266.7 | 293.3 |
| 9 | 120. | 150. | 180. | 210. | 240. | 270. | 300. | 330. |
| 10 | 133.3 | 166.7 | 200. | 233.3 | 266.7 | 300. | 333.3 | 366.7 |
| 11 | 146.7 | 183.3 | 220. | 256.7 | 293.3 | 330. | 366.7 | 403.3 |
| 12 | 160. | 200. | 240. | 280. | 320. | 360. | 400. | 440. |
| 13 | 173.3 | 216.7 | 260. | 303.3 | 346.7 | 390. | 433.3 | 476.7 |
| 14 | 186.7 | 233.3 | 280. | 326.7 | 373.3 | 420. | 466.7 | 513.3 |
| 15 | 200. | 250. | 300. | 350. | 400. | 450. | 500. | 550. |
| 16 | 213.3 | 266.7 | 320. | 373.3 | 426.7 | 480. | 533.3 | 586.7 |
| 17 | 226.7 | 283.3 | 340. | 396.7 | 453.3 | 510. | 566.7 | 623.3 |
| 18 | 240. | 300. | 360. | 420. | 480. | 540. | 600. | 660. |
| 19 | 253.3 | 316.7 | 380. | 443.3 | 506.7 | 570. | 633.3 | 696.7 |
| 20 | 266.7 | 333.3 | 400. | 466.7 | 533.3 | 600. | 666.7 | 733.3 |
| 21 | 280. | 350. | 420. | 490. | 560. | 630. | 700. | 770. |
| 22 | 293.3 | 366.7 | 440. | 513.3 | 586.7 | 660. | 733.3 | 806.7 |
| 23 | 306.7 | 383.3 | 460. | 536.7 | 613.3 | 690. | 766.7 | 843.3 |
| 24 | 320. | 400. | 480. | 560. | 640. | 720. | 800. | 880. |
| 25 | 333.3 | 416.7 | 500. | 583.3 | 666.7 | 750. | 833.3 | 916.7 |
| 26 | 346.7 | 433.3 | 520. | 606.7 | 693.3 | 780. | 866.7 | 953.3 |
| 27 | 360. | 450. | 540. | 630. | 720. | 810. | 900. | 990. |
| 28 | 373.3 | 466.7 | 560. | 653.3 | 746.7 | 840. | 933.3 | 1026.7 |
| 29 | 386.7 | 483.3 | 580. | 676.7 | 773.3 | 870. | 966.7 | 1063.3 |
| 30 | 400. | 500. | 600. | 700. | 800. | 900. | 1000. | 1100. |
| 31 | 413.3 | 516.7 | 620. | 723.3 | 826.7 | 930. | 1033.3 | 1136.7 |
| 32 | 426.7 | 533.3 | 640. | 746.7 | 853.3 | 960. | 1066.7 | 1173.3 |
| 33 | 440. | 550. | 660. | 770. | 880. | 990. | 1100. | 1210. |
| 34 | 453.3 | 566.7 | 680. | 793.3 | 906.7 | 1020. | 1133.3 | 1246.7 |
| 35. | 466.7 | 583.3 | 700. | 816.7 | 933.3 | 1050. | 1166.7 | 1283.3 |
| 36 | 480. | 600. | 720. | 840. | 960. | 1080. | 1200. | 1320. |
| 37. | 493.3 | 616.7 | 740. | 863.3 | 986.7 | 1110. | 1233.3 | 1356.7 |
| 38 | 506.7 | 633.3 | 760. | 886.7 | 1013.3 | 1140. | 1266.7 | 1393.3 |
| 39 | 520. | 650. | 780. | 910. | 1040. | 1170. | 1300. | 1430. |
| 40 | 533.3 | 666.7 | 800. | 933.7 | 1066.7 | 1200. | 1333.3 | 1466.7 |
| 41 | 546.7 | 683.3 | 820. | 956.7 | 1093.3 | 1230. | 1366.7 | 1503.3 |
| 42 | 560. | 700. | 840. | 980. | 1120. | 1260. | 1400. | 1540. |
| 43 | 573.3 | 716.7 | 860. | 1003.3 | 1146.7 | 1290. | 1433.3 | 1576.7 |
| 44 | 586.7 | 733.3 | 880. | 1026.7 | 1173.3 | 1320. | 1466.7 | 1613.3 |
| 45 | 600. | 750. | 900. | 1050. | 1200. | 1350. | 1500. | 1650. |
| 46 | 613.3 | 766.7 | 920. | 1073.3 | 1226.7 | 1380. | 1533.3 | 1686.7 |
| 47 | 626.7 | 783.3 | 940. | 1096.7 | 1253.3 | 1410. | 1566.7 | 1723.3 |
| 48 | 640. | 800. | 960. | 1120. | 1280. | 1440. | 1600. | 1760. |
| 49 | 653.3 | 816.7 | 980. | 1143.3 | 1306.7 | 1470. | 1633.3 | 1796.7 |
| 50 | 666.7 | 833.3 | 1000. | 1166.7 | 1333.3 | 1500. | 1666.7 | 1833.3 |

## 2" x 10"

| Pcs. | 8 Ft. | 10 Ft. | 12 Ft. | 14 Ft. | 16 Ft. | 18 Ft. | 20 Ft. | 22 Ft. |
|---|---|---|---|---|---|---|---|---|
| 51 | 680. | 850. | 1020. | 1190. | 1360. | 1530. | 1700. | 1870. |
| 52 | 693.3 | 866.7 | 1040. | 1213.3 | 1386.7 | 1560. | 1733.3 | 1906.7 |
| 53 | 706.7 | 883.3 | 1060. | 1236.7 | 1413.3 | 1590. | 1766.7 | 1943.3 |
| 54 | 720. | 900. | 1080. | 1260. | 1440. | 1620. | 1800. | 1980. |
| 55 | 733.3 | 916.7 | 1100. | 1283.3 | 1466.7 | 1650. | 1833.3 | 2016.7 |
| 56 | 746.7 | 933.3 | 1120. | 1306.7 | 1493.3 | 1680. | 1866.7 | 2053.3 |
| 57 | 760. | 950. | 1140. | 1330. | 1520. | 1710. | 1900. | 2090. |
| 58 | 773.3 | 966.7 | 1160. | 1353.3 | 1546.7 | 1740. | 1933.3 | 2126.7 |
| 59 | 786.7 | 983.7 | 1180. | 1376.7 | 1573.3 | 1770. | 1966.7 | 2163.3 |
| 60 | 800. | 1000. | 1200. | 1400. | 1600. | 1800. | 2000. | 2200. |
| 61 | 813.3 | 1016.7 | 1220. | 1423.3 | 1626.7 | 1830. | 2033.3 | 2236.7 |
| 62 | 826.7 | 1033.3 | 1240. | 1446.7 | 1653.3 | 1860. | 2066.7 | 2273.3 |
| 63 | 840. | 1050. | 1260. | 1470. | 1680. | 1890. | 2100. | 2310. |
| 64 | 853.3 | 1066.7 | 1280. | 1493.3 | 1706.7 | 1920. | 2133.3 | 2346.7 |
| 65 | 866.7 | 1083.3 | 1300. | 1516.7 | 1733.3 | 1950. | 2166.7 | 2383.3 |
| 66 | 880. | 1100. | 1320. | 1540. | 1760. | 1980. | 2200. | 2420. |
| 67 | 893.3 | 1116.7 | 1340. | 1563.3 | 1786.7 | 2010. | 2233.3 | 2456.7 |
| 68 | 906.7 | 1133.3 | 1360. | 1586.7 | 1813.3 | 2040. | 2266.7 | 2493.3 |
| 69 | 920. | 1150. | 1380. | 1610. | 1840. | 2070. | 2300. | 2530. |
| 70 | 933.3 | 1166.7 | 1400. | 1633.3 | 1866.7 | 2100. | 2333.3 | 2566.7 |
| 71 | 946.7 | 1183.3 | 1420. | 1656.7 | 1893.3 | 2130. | 2366.7 | 2603.3 |
| 72 | 960. | 1200. | 1440. | 1680. | 1920. | 2160. | 2400. | 2640. |
| 73 | 973.3 | 1216.7 | 1460. | 1703.7 | 1946.7 | 2190. | 2433.3 | 2676.7 |
| 74 | 986.7 | 1233.3 | 1480. | 1726.7 | 1973.3 | 2220. | 2466.7 | 2713.3 |
| 75 | 1000. | 1250. | 1500. | 1750. | 2000. | 2250. | 2500. | 2750. |
| 76 | 1013.3 | 1266.7 | 1520. | 1773.3 | 2026.7 | 2280. | 2533.3 | 2786.7 |
| 77 | 1026.7 | 1283.3 | 1540. | 1796.7 | 2053.3 | 2310. | 2566.7 | 2823.3 |
| 78 | 1040. | 1300. | 1560. | 1820. | 2080. | 2340. | 2600. | 2860. |
| 79 | 1053.3 | 1316.7 | 1580. | 1843.3 | 2106.7 | 2370. | 2633.3 | 2896.7 |
| 80 | 1066.7 | 1333.3 | 1600. | 1866.7 | 2133.3 | 2400. | 2666.7 | 2933.3 |
| 81 | 1080. | 1350. | 1620. | 1890. | 2160. | 2430. | 2700. | 2970. |
| 82 | 1093.3 | 1366.7 | 1640. | 1913.3 | 2186.7 | 2460. | 2733.3 | 3006.7 |
| 83 | 1106.7 | 1383.3 | 1660. | 1936.7 | 2213.3 | 2490. | 2766.7 | 3043.3 |
| 84 | 1120. | 1400. | 1680. | 1960. | 2240. | 2520. | 2800. | 3080. |
| 85 | 1133.3 | 1416.7 | 1700. | 1983.3 | 2266.7 | 2550. | 2833.3 | 3116.7 |
| 86 | 1146.7 | 1433.3 | 1720. | 2006.7 | 2293.3 | 2580. | 2866.7 | 3153.3 |
| 87 | 1160. | 1450. | 1740. | 2030. | 2320. | 2610. | 2900. | 3190. |
| 88 | 1173.3 | 1466.7 | 1760. | 2053.3 | 2346.7 | 2640. | 2933.3 | 3226.7 |
| 89 | 1186.7 | 1483.3 | 1780. | 2076.7 | 2373.3 | 2670. | 2966.7 | 3263.3 |
| 90 | 1200. | 1500. | 1800. | 2100. | 2400. | 2700. | 3000. | 3300. |
| 91 | 1213.3 | 1516.7 | 1820. | 2123.3 | 2426.7 | 2730. | 3033.3 | 3336.7 |
| 92 | 1226.7 | 1533.3 | 1840. | 2146.7 | 2453.3 | 2760. | 3066.7 | 3373.3 |
| 93 | 1240. | 1550. | 1860. | 2170. | 2480. | 2790. | 3100. | 3410. |
| 94 | 1253.3 | 1566.7 | 1880. | 2193.3 | 2506.7 | 2820. | 3133.3 | 3446.7 |
| 95 | 1266.7 | 1583.3 | 1900. | 2216.7 | 2533.3 | 2850. | 3166.7 | 3483.3 |
| 96 | 1280. | 1600. | 1920. | 2240. | 2560. | 2880. | 3200. | 3520. |
| 97 | 1293.3 | 1616.7 | 1940. | 2263.3 | 2586.7 | 2910. | 3233.3 | 3556.7 |
| 98 | 1306.7 | 1633.3 | 1960. | 2286.7 | 2613.3 | 2940. | 3266.7 | 3593.3 |
| 99 | 1320. | 1650. | 1980. | 2310. | 2640. | 2970. | 3300. | 3630. |
| 100 | 1333.3 | 1666.7 | 2000. | 2333.3 | 2666.7 | 3000. | 3333.3 | 3666.7 |

## 2" x 10"

| Pcs. | 8 Ft. | 10 Ft. | 12 Ft. | 14 Ft. | 16 Ft. | 18 Ft. | 20 Ft. | 22 Ft. |
|---|---|---|---|---|---|---|---|---|
| 200 | 2666.7 | 3333.3 | 4000. | 4666.7 | 5333.3 | 6000. | 6666.7 | 7333.3 |
| 300 | 4000. | 5000. | 6000. | 7000. | 8000. | 9000. | 10000. | 11000. |
| 400 | 5333.3 | 6666.7 | 8000. | 9333.3 | 10666.7 | 12000. | 13333.3 | 14666.7 |
| 500 | 6666.7 | 8333.3 | 10000. | 11666.7 | 13333.3 | 15000. | 16666.7 | 18333.3 |
| 600 | 8000. | 10000. | 12000. | 14000. | 16000. | 18000. | 20000. | 22000. |
| 700 | 9333.3 | 11666.7 | 14000. | 16333.3 | 18666.7 | 21000. | 23333.3 | 25666.7 |
| 800 | 10666.7 | 13333.3 | 16000. | 18666.7 | 21333.3 | 24000. | 26666.7 | 29333.3 |
| 900 | 12000. | 15000. | 18000. | 21000. | 24000. | 27000. | 30000. | 33000. |
| 1000 | 13333.3 | 16666.7 | 20000. | 23333.3 | 26666.7 | 30000. | 33333.3 | 36666.7 |

## 2" x 12"

| Pcs. | 8 Ft. | 10 Ft. | 12 Ft. | 14 Ft. | 16 Ft. | 18 Ft. | 20 Ft. | 22 Ft. |
|---|---|---|---|---|---|---|---|---|
| 1 | 16 | 20 | 24 | 28 | 32 | 36 | 40 | 44 |
| 2 | 32 | 40 | 48 | 56 | 64 | 72 | 80 | 88 |
| 3 | 48 | 60 | 72 | 84 | 96 | 108 | 120 | 132 |
| 4 | 64 | 80 | 96 | 112 | 128 | 144 | 160 | 176 |
| 5 | 80 | 100 | 120 | 140 | 160 | 180 | 200 | 220 |
| 6 | 96 | 120 | 144 | 168 | 192 | 216 | 240 | 264 |
| 7 | 112 | 140 | 168 | 196 | 224 | 252 | 280 | 308 |
| 8 | 128 | 160 | 192 | 224 | 256 | 288 | 320 | 352 |
| 9 | 144 | 180 | 216 | 252 | 288 | 324 | 360 | 396 |
| 10 | 160 | 200 | 240 | 280 | 320 | 360 | 400 | 440 |
| 11 | 176 | 220 | 264 | 308 | 352 | 396 | 440 | 484 |
| 12 | 192 | 240 | 288 | 336 | 384 | 432 | 480 | 528 |
| 13 | 208 | 260 | 312 | 364 | 416 | 468 | 520 | 572 |
| 14 | 224 | 280 | 336 | 392 | 448 | 504 | 560 | 616 |
| 15 | 240 | 300 | 360 | 420 | 480 | 540 | 600 | 660 |
| 16 | 256 | 320 | 384 | 448 | 512 | 576 | 640 | 704 |
| 17 | 272 | 340 | 408 | 476 | 544 | 612 | 680 | 748 |
| 18 | 288 | 360 | 432 | 504 | 576 | 648 | 720 | 792 |
| 19 | 304 | 380 | 456 | 532 | 608 | 684 | 760 | 836 |
| 20 | 320 | 400 | 480 | 560 | 640 | 720 | 800 | 880 |
| 21 | 336 | 420 | 504 | 588 | 672 | 756 | 840 | 924 |
| 22 | 352 | 440 | 528 | 616 | 704 | 792 | 880 | 968 |
| 23 | 368 | 460 | 552 | 644 | 736 | 828 | 920 | 1012 |
| 24 | 384 | 480 | 576 | 672 | 768 | 864 | 960 | 1056 |
| 25 | 400 | 500 | 600 | 700 | 800 | 900 | 1000 | 1100 |
| 26 | 416 | 520 | 624 | 728 | 832 | 936 | 1040 | 1144 |
| 27 | 432 | 540 | 648 | 756 | 864 | 972 | 1080 | 1188 |
| 28 | 448 | 560 | 672 | 784 | 896 | 1008 | 1120 | 1232 |
| 29 | 464 | 580 | 696 | 812 | 928 | 1044 | 1160 | 1276 |
| 30 | 480 | 600 | 720 | 840 | 960 | 1080 | 1200 | 1320 |
| 31 | 496 | 620 | 744 | 868 | 992 | 1116 | 1240 | 1364 |
| 32 | 512 | 640 | 768 | 896 | 1024 | 1152 | 1280 | 1408 |
| 33 | 528 | 660 | 792 | 924 | 1056 | 1188 | 1320 | 1452 |
| 34 | 544 | 680 | 816 | 952 | 1088 | 1224 | 1360 | 1496 |
| 35 | 560 | 700 | 840 | 980 | 1120 | 1260 | 1400 | 1540 |
| 36 | 576 | 720 | 864 | 1008 | 1152 | 1296 | 1440 | 1584 |
| 37 | 592 | 740 | 888 | 1036 | 1184 | 1332 | 1480 | 1628 |
| 38 | 608 | 760 | 912 | 1064 | 1216 | 1368 | 1520 | 1672 |
| 39 | 624 | 780 | 936 | 1092 | 1248 | 1404 | 1560 | 1716 |
| 40 | 640 | 800 | 960 | 1120 | 1280 | 1440 | 1600 | 1760 |
| 41 | 656 | 820 | 984 | 1148 | 1312 | 1476 | 1640 | 1804 |
| 42 | 672 | 840 | 1008 | 1176 | 1344 | 1512 | 1680 | 1848 |
| 43 | 688 | 860 | 1032 | 1204 | 1376 | 1548 | 1720 | 1892 |
| 44 | 704 | 880 | 1056 | 1232 | 1408 | 1584 | 1760 | 1936 |
| 45 | 720 | 900 | 1080 | 1260 | 1440 | 1620 | 1800 | 1980 |
| 46 | 736 | 920 | 1104 | 1288 | 1472 | 1656 | 1840 | 2024 |
| 47 | 752 | 940 | 1128 | 1316 | 1504 | 1692 | 1880 | 2068 |
| 48 | 768 | 960 | 1152 | 1344 | 1536 | 1728 | 1920 | 2112 |
| 49 | 784 | 980 | 1176 | 1372 | 1568 | 1764 | 1960 | 2156 |
| 50 | 800 | 1000 | 1200 | 1400 | 1600 | 1800 | 2000 | 2200 |

| Pcs. | 8 Ft. | 10 Ft. | 12 Ft. | 14 Ft. | 16 Ft. | 18 Ft. | 20 Ft. | 22 Ft. |
|---|---|---|---|---|---|---|---|---|
| 51 | 816 | 1020 | 1224 | 1428 | 1632 | 1836 | 2040 | 2244 |
| 52 | 832 | 1040 | 1248 | 1456 | 1664 | 1872 | 2080 | 2288 |
| 53 | 848 | 1060 | 1272 | 1484 | 1696 | 1908 | 2120 | 2332 |
| 54 | 864 | 1080 | 1296 | 1512 | 1728 | 1944 | 2160 | 2376 |
| 55 | 880 | 1100 | 1320 | 1540 | 1760 | 1980 | 2200 | 2420 |
| 56 | 896 | 1120 | 1344 | 1568 | 1792 | 2016 | 2240 | 2464 |
| 57 | 912 | 1140 | 1368 | 1596 | 1824 | 2052 | 2280 | 2508 |
| 58 | 928 | 1160 | 1392 | 1624 | 1856 | 2088 | 2320 | 2552 |
| 59 | 944 | 1180 | 1416 | 1652 | 1888 | 2124 | 2360 | 2596 |
| 60 | 960 | 1200 | 1440 | 1680 | 1920 | 2160 | 2400 | 2640 |
| 61 | 976 | 1220 | 1464 | 1708 | 1952 | 2196 | 2440 | 2684 |
| 62 | 992 | 1240 | 1488 | 1736 | 1984 | 2232 | 2480 | 2728 |
| 63 | 1008 | 1260 | 1512 | 1764 | 2016 | 2268 | 2520 | 2772 |
| 64 | 1024 | 1280 | 1536 | 1792 | 2048 | 2304 | 2560 | 2816 |
| 65 | 1040 | 1300 | 1560 | 1820 | 2080 | 2340 | 2600 | 2860 |
| 66 | 1056 | 1320 | 1584 | 1848 | 2112 | 2376 | 2640 | 2904 |
| 67 | 1072 | 1340 | 1608 | 1876 | 2144 | 2412 | 2680 | 2948 |
| 68 | 1088 | 1360 | 1632 | 1904 | 2176 | 2448 | 2720 | 2992 |
| 69 | 1104 | 1380 | 1656 | 1932 | 2208 | 2484 | 2760 | 3036 |
| 70 | 1120 | 1400 | 1680 | 1960 | 2240 | 2520 | 2800 | 3080 |
| 71 | 1136 | 1420 | 1704 | 1988 | 2272 | 2556 | 2840 | 3124 |
| 72 | 1152 | 1440 | 1728 | 2016 | 2304 | 2592 | 2880 | 3168 |
| 73 | 1168 | 1460 | 1752 | 2044 | 2336 | 2628 | 2920 | 3212 |
| 74 | 1184 | 1480 | 1776 | 2072 | 2368 | 2664 | 2960 | 3256 |
| 75 | 1200 | 1500 | 1800 | 2100 | 2400 | 2700 | 3000 | 3300 |
| 76 | 1216 | 1520 | 1824 | 2128 | 2432 | 2736 | 3040 | 3344 |
| 77 | 1232 | 1540 | 1848 | 2156 | 2464 | 2772 | 3080 | 3388 |
| 78 | 1248 | 1560 | 1872 | 2184 | 2496 | 2808 | 3120 | 3432 |
| 79 | 1264 | 1580 | 1896 | 2212 | 2528 | 2844 | 3160 | 3476 |
| 80 | 1280 | 1600 | 1920 | 2240 | 2560 | 2880 | 3200 | 3520 |
| 81 | 1296 | 1620 | 1944 | 2268 | 2592 | 2916 | 3240 | 3564 |
| 82 | 1312 | 1640 | 1968 | 2296 | 2624 | 2952 | 3280 | 3608 |
| 83 | 1328 | 1660 | 1992 | 2324 | 2656 | 2988 | 3320 | 3652 |
| 84 | 1344 | 1680 | 2016 | 2352 | 2688 | 3024 | 3360 | 3696 |
| 85 | 1360 | 1700 | 2040 | 2380 | 2720 | 3060 | 3400 | 3740 |
| 86 | 1376 | 1720 | 2064 | 2408 | 2752 | 3096 | 3440 | 3784 |
| 87 | 1392 | 1740 | 2088 | 2436 | 2784 | 3132 | 3480 | 3828 |
| 88 | 1408 | 1760 | 2112 | 2464 | 2816 | 3168 | 3520 | 3872 |
| 89 | 1424 | 1780 | 2136 | 2492 | 2848 | 3204 | 3560 | 3916 |
| 90 | 1440 | 1800 | 2160 | 2520 | 2880 | 3240 | 3600 | 3960 |
| 91 | 1456 | 1820 | 2184 | 2548 | 2912 | 3276 | 3640 | 4004 |
| 92 | 1472 | 1840 | 2208 | 2576 | 2944 | 3312 | 3680 | 4048 |
| 93 | 1488 | 1860 | 2232 | 2604 | 2976 | 3348 | 3720 | 4092 |
| 94 | 1504 | 1880 | 2256 | 2632 | 3008 | 3384 | 3760 | 4136 |
| 95 | 1520 | 1900 | 2280 | 2660 | 3040 | 3420 | 3800 | 4180 |
| 96 | 1536 | 1920 | 2304 | 2688 | 3072 | 3456 | 3840 | 4224 |
| 97 | 1552 | 1940 | 2328 | 2716 | 3104 | 3492 | 3880 | 4268 |
| 98 | 1568 | 1960 | 2352 | 2744 | 3136 | 3528 | 3920 | 4312 |
| 99 | 1584 | 1980 | 2376 | 2772 | 3168 | 3564 | 3960 | 4356 |
| 100 | 1600 | 2000 | 2400 | 2800 | 3200 | 3600 | 4000 | 4400 |

## 2" x 12"

| Pcs. | 8 Ft. | 10 Ft. | 12 Ft. | 14 Ft. | 16 Ft. | 18 Ft. | 20 Ft. | 22 Ft. |
|---|---|---|---|---|---|---|---|---|
| 200 | 3200 | 4000 | 4800 | 5600 | 6400 | 7200 | 8000 | 8800 |
| 300 | 4800 | 6000 | 7200 | 8400 | 9600 | 10800 | 12000 | 13200 |
| 400 | 6400 | 8000 | 9600 | 11200 | 12800 | 14400 | 16000 | 17600 |
| 500 | 8000 | 10000 | 12000 | 14000 | 16000 | 18000 | 20000 | 22000 |
| 600 | 9600 | 12000 | 14400 | 16800 | 19200 | 21600 | 24000 | 26400 |
| 700 | 11200 | 14000 | 16800 | 19600 | 22400 | 25200 | 28000 | 30800 |
| 800 | 12800 | 16000 | 19200 | 22400 | 25600 | 28800 | 32000 | 35200 |
| 900 | 14400 | 18000 | 21600 | 25200 | 28800 | 32400 | 36000 | 39600 |
| 1000 | 16000 | 20000 | 24000 | 28000 | 32000 | 36000 | 40000 | 44000 |

## 3" x 4"

| Pcs. | 8 Ft. | 10 Ft. | 12 Ft. | 14 Ft. | 16 Ft. | 18 Ft. | 20 Ft. | 22 Ft. |
|---|---|---|---|---|---|---|---|---|
| 1 | 8 | 10 | 12 | 14 | 16 | 18 | 20 | 22 |
| 2 | 16 | 20 | 24 | 28 | 32 | 36 | 40 | 44 |
| 3 | 24 | 30 | 36 | 42 | 48 | 54 | 60 | 66 |
| 4 | 32 | 40 | 48 | 56 | 64 | 72 | 80 | 88 |
| 5 | 40 | 50 | 60 | 70 | 80 | 90 | 100 | 110 |
| 6 | 48 | 60 | 72 | 84 | 96 | 108 | 120 | 132 |
| 7 | 56 | 70 | 84 | 98 | 112 | 126 | 140 | 154 |
| 8 | 64 | 80 | 96 | 112 | 128 | 144 | 160 | 176 |
| 9 | 72 | 90 | 108 | 126 | 144 | 162 | 180 | 198 |
| 10 | 80 | 100 | 120 | 140 | 160 | 180 | 200 | 220 |
| 11 | 88 | 110 | 132 | 154 | 176 | 198 | 220 | 242 |
| 12 | 96 | 120 | 144 | 168 | 192 | 216 | 240 | 264 |
| 13 | 104 | 130 | 156 | 182 | 208 | 234 | 260 | 286 |
| 14 | 112 | 140 | 168 | 196 | 224 | 252 | 280 | 308 |
| 15 | 120 | 150 | 180 | 210 | 240 | 270 | 300 | 330 |
| 16 | 128 | 160 | 192 | 224 | 256 | 288 | 320 | 352 |
| 17 | 136 | 170 | 204 | 238 | 272 | 306 | 340 | 374 |
| 18 | 144 | 180 | 216 | 252 | 288 | 324 | 360 | 396 |
| 19 | 152 | 190 | 228 | 266 | 304 | 342 | 380 | 418 |
| 20 | 160 | 200 | 240 | 280 | 320 | 360 | 400 | 440 |
| 21 | 168 | 210 | 252 | 294 | 336 | 378 | 420 | 462 |
| 22 | 176 | 220 | 264 | 308 | 352 | 396 | 440 | 484 |
| 23 | 184 | 230 | 276 | 322 | 368 | 414 | 460 | 506 |
| 24 | 192 | 240 | 288 | 336 | 384 | 432 | 480 | 528 |
| 25 | 200 | 250 | 300 | 350 | 400 | 450 | 500 | 550 |
| 26 | 208 | 260 | 312 | 364 | 416 | 468 | 520 | 572 |
| 27 | 216 | 270 | 324 | 378 | 432 | 486 | 540 | 594 |
| 28 | 224 | 280 | 336 | 392 | 448 | 504 | 560 | 616 |
| 29 | 232 | 290 | 348 | 406 | 464 | 522 | 580 | 638 |
| 30 | 240 | 300 | 360 | 420 | 480 | 540 | 600 | 660 |
| 31 | 248 | 310 | 372 | 434 | 496 | 558 | 620 | 682 |
| 32 | 256 | 320 | 384 | 448 | 512 | 576 | 640 | 704 |
| 33 | 264 | 330 | 396 | 462 | 528 | 594 | 660 | 726 |
| 34 | 272 | 340 | 408 | 476 | 544 | 612 | 680 | 748 |
| 35 | 280 | 350 | 420 | 490 | 560 | 630 | 700 | 770 |
| 36 | 288 | 360 | 432 | 504 | 576 | 648 | 720 | 792 |
| 37 | 296 | 370 | 444 | 518 | 592 | 666 | 740 | 814 |
| 38 | 304 | 380 | 456 | 532 | 608 | 684 | 760 | 836 |
| 39 | 312 | 390 | 468 | 546 | 624 | 702 | 780 | 858 |
| 40 | 320 | 400 | 480 | 560 | 640 | 720 | 800 | 880 |
| 41 | 328 | 410 | 492 | 574 | 656 | 738 | 820 | 902 |
| 42 | 336 | 420 | 504 | 588 | 672 | 756 | 840 | 924 |
| 43 | 344 | 430 | 516 | 602 | 688 | 774 | 860 | 946 |
| 44 | 352 | 440 | 528 | 616 | 704 | 792 | 880 | 968 |
| 45 | 360 | 450 | 540 | 630 | 720 | 810 | 900 | 990 |
| 46 | 368 | 460 | 552 | 644 | 736 | 828 | 920 | 1012 |
| 47 | 376 | 470 | 564 | 658 | 752 | 846 | 940 | 1034 |
| 48 | 384 | 480 | 576 | 672 | 768 | 864 | 960 | 1056 |
| 49 | 392 | 490 | 588 | 686 | 784 | 882 | 980 | 1078 |
| 50 | 400 | 500 | 600 | 700 | 800 | 900 | 1000 | 1100 |

## 3" x 4"

| Pcs. | 8 Ft. | 10 Ft. | 12 Ft. | 14 Ft. | 16 Ft. | 18 Ft. | 20 Ft. | 22 Ft. |
|---|---|---|---|---|---|---|---|---|
| 51 | 408 | 510 | 612 | 714 | 816 | 918 | 1020 | 1122 |
| 52 | 416 | 520 | 624 | 728 | 832 | 936 | 1040 | 1144 |
| 53 | 424 | 530 | 636 | 742 | 848 | 954 | 1060 | 1166 |
| 54 | 432 | 540 | 648 | 756 | 864 | 972 | 1080 | 1188 |
| 55 | 440 | 550 | 660 | 770 | 880 | 990 | 1100 | 1210 |
| 56 | 448 | 560 | 672 | 784 | 896 | 1008 | 1120 | 1232 |
| 57 | 456 | 570 | 684 | 798 | 912 | 1026 | 1140 | 1254 |
| 58 | 464 | 580 | 696 | 812 | 928 | 1044 | 1160 | 1276 |
| 59 | 472 | 590 | 708 | 826 | 944 | 1062 | 1180 | 1298 |
| 60 | 480 | 600 | 720 | 840 | 960 | 1080 | 1200 | 1320 |
| 61 | 488 | 610 | 732 | 854 | 976 | 1098 | 1220 | 1342 |
| 62 | 496 | 620 | 744 | 868 | 992 | 1116 | 1240 | 1364 |
| 63 | 504 | 630 | 756 | 882 | 1008 | 1134 | 1260 | 1386 |
| 64 | 512 | 640 | 768 | 896 | 1024 | 1152 | 1280 | 1408 |
| 65 | 520 | 650 | 780 | 910 | 1040 | 1170 | 1300 | 1430 |
| 66 | 528 | 660 | 792 | 924 | 1056 | 1188 | 1320 | 1452 |
| 67 | 536 | 670 | 804 | 938 | 1072 | 1206 | 1340 | 1474 |
| 68 | 544 | 680 | 816 | 952 | 1088 | 1224 | 1360 | 1496 |
| 69 | 552 | 690 | 828 | 966 | 1104 | 1242 | 1380 | 1518 |
| 70 | 560 | 700 | 840 | 980 | 1120 | 1260 | 1400 | 1540 |
| 71 | 568 | 710 | 852 | 994 | 1136 | 1278 | 1420 | 1562 |
| 72 | 576 | 720 | 864 | 1008 | 1152 | 1296 | 1440 | 1584 |
| 73 | 584 | 730 | 876 | 1022 | 1168 | 1314 | 1460 | 1606 |
| 74 | 592 | 740 | 888 | 1036 | 1184 | 1332 | 1480 | 1628 |
| 75 | 600 | 750 | 900 | 1050 | 1200 | 1350 | 1500 | 1650 |
| 76 | 608 | 760 | 912 | 1064 | 1216 | 1368 | 1520 | 1672 |
| 77 | 616 | 770 | 924 | 1078 | 1232 | 1386 | 1540 | 1694 |
| 78 | 624 | 780 | 936 | 1092 | 1248 | 1404 | 1560 | 1716 |
| 79 | 632 | 790 | 948 | 1106 | 1264 | 1422 | 1580 | 1738 |
| 80 | 640 | 800 | 960 | 1120 | 1280 | 1440 | 1600 | 1760 |
| 81 | 648 | 810 | 972 | 1134 | 1296 | 1458 | 1620 | 1782 |
| 82 | 656 | 820 | 984 | 1148 | 1312 | 1476 | 1640 | 1804 |
| 83 | 664 | 830 | 996 | 1162 | 1328 | 1494 | 1660 | 1826 |
| 84 | 672 | 840 | 1008 | 1176 | 1344 | 1512 | 1680 | 1848 |
| 85 | 680 | 850 | 1020 | 1190 | 1360 | 1530 | 1700 | 1870 |
| 86 | 688 | 860 | 1032 | 1204 | 1376 | 1548 | 1720 | 1892 |
| 87 | 696 | 870 | 1044 | 1218 | 1392 | 1566 | 1740 | 1914 |
| 88 | 704 | 880 | 1056 | 1232 | 1408 | 1584 | 1760 | 1936 |
| 89 | 712 | 890 | 1068 | 1246 | 1424 | 1602 | 1780 | 1958 |
| 90 | 720 | 900 | 1080 | 1260 | 1440 | 1620 | 1800 | 1980 |
| 91 | 728 | 910 | 1092 | 1274 | 1456 | 1638 | 1820 | 2002 |
| 92 | 736 | 920 | 1104 | 1288 | 1472 | 1656 | 1840 | 2024 |
| 93 | 744 | 930 | 1116 | 1302 | 1488 | 1674 | 1860 | 2046 |
| 94 | 952 | 940 | 1128 | 1316 | 1504 | 1692 | 1880 | 2068 |
| 95 | 760 | 950 | 1140 | 1330 | 1520 | 1710 | 1900 | 2090 |
| 96 | 768 | 960 | 1152 | 1344 | 1536 | 1728 | 1920 | 2112 |
| 97 | 776 | 970 | 1164 | 1358 | 1552 | 1746 | 1940 | 2134 |
| 98 | 784 | 980 | 1176 | 1372 | 1568 | 1764 | 1960 | 2156 |
| 99 | 792 | 990 | 1188 | 1386 | 1584 | 1782 | 1980 | 2178 |
| 100 | 800 | 1000 | 1200 | 1400 | 1600 | 1800 | 2000 | 2200 |

3" x 4"

| Pcs. | 8 Ft. | 10 Ft. | 12 Ft. | 14 Ft. | 16 Ft. | 18 Ft. | 20 Ft. | 22 Ft. |
|---|---|---|---|---|---|---|---|---|
| 200 | 1600 | 2000 | 2400 | 2800 | 3200 | 3600 | 4000 | 4400 |
| 300 | 2400 | 3000 | 3600 | 4200 | 4800 | 5400 | 6000 | 6600 |
| 400 | 3200 | 4000 | 4800 | 5600 | 6400 | 7200 | 8000 | 8800 |
| 500 | 4000 | 5000 | 6000 | 7000 | 8000 | 9000 | 10000 | 11000 |
| 600 | 4800 | 6000 | 7200 | 8400 | 9600 | 10800 | 12000 | 13200 |
| 700 | 5600 | 7000 | 8400 | 9800 | 11200 | 12600 | 14000 | 15400 |
| 800 | 6400 | 8000 | 9600 | 11200 | 12800 | 14400 | 16000 | 17600 |
| 900 | 7200 | 9000 | 10800 | 12600 | 14400 | 16200 | 18000 | 19800 |
| 1000 | 8000 | 10000 | 12000 | 14000 | 16000 | 18000 | 20000 | 22000 |

## 3" x 6"

| Pcs. | 8 Ft. | 10 Ft. | 12 Ft. | 14 Ft. | 16 Ft. | 18 Ft. | 20 Ft. | 22 Ft. |
|---|---|---|---|---|---|---|---|---|
| 1 | 12 | 15 | 18 | 21 | 24 | 27 | 30 | 33 |
| 2 | 24 | 30 | 36 | 42 | 48 | 54 | 60 | 66 |
| 3 | 36 | 45 | 54 | 63 | 72 | 81 | 90 | 99 |
| 4 | 48 | 60 | 72 | 84 | 96 | 108 | 120 | 132 |
| 5 | 60 | 75 | 90 | 105 | 120 | 135 | 150 | 165 |
| 6 | 72 | 90 | 108 | 126 | 144 | 162 | 180 | 198 |
| 7 | 84 | 105 | 126 | 147 | 168 | 189 | 210 | 231 |
| 8 | 96 | 120 | 144 | 168 | 192 | 216 | 240 | 264 |
| 9 | 108 | 135 | 162 | 189 | 216 | 243 | 270 | 297 |
| 10 | 120 | 150 | 180 | 210 | 240 | 270 | 300 | 330 |
| 11 | 132 | 165 | 198 | 231 | 264 | 297 | 330 | 363 |
| 12 | 144 | 180 | 216 | 252 | 288 | 324 | 360 | 396 |
| 13 | 156 | 195 | 234 | 273 | 312 | 351 | 390 | 429 |
| 14 | 168 | 210 | 252 | 294 | 336 | 378 | 420 | 462 |
| 15 | 180 | 225 | 270 | 315 | 360 | 405 | 450 | 495 |
| 16 | 192 | 240 | 288 | 336 | 384 | 432 | 480 | 528 |
| 17 | 204 | 255 | 306 | 357 | 408 | 459 | 510 | 561 |
| 18 | 216 | 270 | 324 | 378 | 432 | 486 | 540 | 594 |
| 19 | 228 | 285 | 342 | 399 | 456 | 513 | 570 | 627 |
| 20 | 240 | 300 | 360 | 420 | 480 | 540 | 600 | 660 |
| 21 | 252 | 315 | 378 | 441 | 504 | 567 | 630 | 693 |
| 22 | 264 | 330 | 396 | 462 | 528 | 594 | 660 | 726 |
| 23 | 276 | 345 | 414 | 483 | 552 | 621 | 690 | 759 |
| 24 | 288 | 360 | 432 | 504 | 576 | 648 | 720 | 792 |
| 25 | 300 | 375 | 450 | 525 | 600 | 675 | 750 | 825 |
| 26 | 312 | 390 | 468 | 546 | 624 | 702 | 780 | 858 |
| 27 | 324 | 405 | 486 | 567 | 648 | 729 | 810 | 891 |
| 28 | 336 | 420 | 504 | 588 | 672 | 756 | 840 | 924 |
| 29 | 348 | 435 | 522 | 609 | 696 | 783 | 870 | 957 |
| 30 | 360 | 450 | 540 | 630 | 720 | 810 | 900 | 990 |
| 31 | 372 | 465 | 558 | 651 | 744 | 837 | 930 | 1023 |
| 32 | 384 | 480 | 576 | 672 | 768 | 864 | 960 | 1056 |
| 33 | 396 | 495 | 594 | 693 | 792 | 891 | 990 | 1089 |
| 34 | 408 | 510 | 612 | 714 | 816 | 918 | 1020 | 1122 |
| 35 | 420 | 525 | 630 | 735 | 840 | 945 | 1050 | 1155 |
| 36 | 432 | 540 | 648 | 756 | 864 | 972 | 1080 | 1188 |
| 37 | 444 | 555 | 666 | 777 | 888 | 999 | 1110 | 1221 |
| 38 | 456 | 570 | 684 | 798 | 912 | 1026 | 1140 | 1254 |
| 39 | 468 | 585 | 702 | 819 | 936 | 1053 | 1170 | 1287 |
| 40 | 480 | 600 | 720 | 840 | 960 | 1080 | 1200 | 1320 |
| 41 | 492 | 615 | 738 | 861 | 984 | 1107 | 1230 | 1353 |
| 42 | 504 | 630 | 756 | 882 | 1008 | 1134 | 1260 | 1386 |
| 43 | 516 | 645 | 774 | 903 | 1032 | 1161 | 1290 | 1419 |
| 44 | 528 | 660 | 792 | 924 | 1056 | 1188 | 1320 | 1452 |
| 45 | 540 | 675 | 810 | 945 | 1080 | 1215 | 1350 | 1485 |
| 46 | 552 | 690 | 828 | 966 | 1104 | 1242 | 1380 | 1518 |
| 47 | 564 | 705 | 846 | 987 | 1128 | 1269 | 1410 | 1551 |
| 48 | 576 | 720 | 864 | 1008 | 1152 | 1296 | 1440 | 1584 |
| 49 | 588 | 735 | 882 | 1029 | 1176 | 1323 | 1470 | 1617 |
| 50 | 600 | 750 | 900 | 1050 | 1200 | 1350 | 1500 | 1650 |

## 3" x 6"

| Pcs. | 8 Ft. | 10 Ft. | 12 Ft. | 14 Ft. | 16 Ft. | 18 Ft. | 20 Ft. | 22 Ft. |
|---|---|---|---|---|---|---|---|---|
| 51 | 612 | 765 | 918 | 1071 | 1224 | 1377 | 1530 | 1683 |
| 52 | 624 | 780 | 936 | 1092 | 1248 | 1404 | 1560 | 1716 |
| 53 | 636 | 795 | 954 | 1113 | 1272 | 1431 | 1590 | 1749 |
| 54 | 648 | 810 | 972 | 1134 | 1296 | 1458 | 1620 | 1782 |
| 55 | 660 | 825 | 990 | 1155 | 1320 | 1485 | 1650 | 1815 |
| 56 | 672 | 840 | 1008 | 1176 | 1344 | 1512 | 1680 | 1848 |
| 57 | 684 | 855 | 1026 | 1197 | 1368 | 1539 | 1710 | 1881 |
| 58 | 696 | 870 | 1044 | 1218 | 1392 | 1566 | 1740 | 1914 |
| 59 | 708 | 885 | 1062 | 1239 | 1416 | 1593 | 1770 | 1947 |
| 60 | 720 | 900 | 1080 | 1260 | 1440 | 1620 | 1800 | 1980 |
| 61 | 732 | 915 | 1098 | 1281 | 1464 | 1647 | 1830 | 2013 |
| 62 | 744 | 930 | 1116 | 1302 | 1488 | 1674 | 1860 | 2046 |
| 63 | 756 | 945 | 1134 | 1323 | 1512 | 1701 | 1890 | 2079 |
| 64 | 768 | 960 | 1152 | 1344 | 1536 | 1728 | 1920 | 2112 |
| 65 | 780 | 975 | 1170 | 1365 | 1560 | 1755 | 1950 | 2145 |
| 66 | 792 | 990 | 1188 | 1386 | 1584 | 1782 | 1980 | 2178 |
| 67 | 804 | 1005 | 1206 | 1407 | 1608 | 1809 | 2010 | 2211 |
| 68 | 816 | 1020 | 1224 | 1428 | 1632 | 1836 | 2040 | 2244 |
| 69 | 828 | 1035 | 1242 | 1449 | 1656 | 1863 | 2070 | 2277 |
| 70 | 840 | 1050 | 1260 | 1470 | 1680 | 1890 | 2100 | 2310 |
| 71 | 852 | 1065 | 1278 | 1491 | 1704 | 1917 | 2130 | 2343 |
| 72 | 864 | 1080 | 1296 | 1512 | 1728 | 1944 | 2160 | 2376 |
| 73 | 876 | 1095 | 1314 | 1533 | 1752 | 1971 | 2190 | 2409 |
| 74 | 888 | 1110 | 1332 | 1554 | 1776 | 1998 | 2220 | 2442 |
| 75 | 900 | 1125 | 1350 | 1575 | 1800 | 2025 | 2250 | 2475 |
| 76 | 912 | 1140 | 1368 | 1596 | 1824 | 2052 | 2280 | 2508 |
| 77 | 924 | 1155 | 1386 | 1617 | 1848 | 2079 | 2310 | 2541 |
| 78 | 936 | 1170 | 1404 | 1638 | 1872 | 2106 | 2340 | 2574 |
| 79 | 948 | 1185 | 1422 | 1659 | 1896 | 2133 | 2370 | 2607 |
| 80 | 960 | 1200 | 1440 | 1680 | 1920 | 2160 | 2400 | 2640 |
| 81 | 972 | 1215 | 1458 | 1701 | 1944 | 2187 | 2430 | 2673 |
| 82 | 984 | 1230 | 1476 | 1722 | 1968 | 2214 | 2460 | 2706 |
| 83 | 996 | 1245 | 1494 | 1743 | 1992 | 2241 | 2490 | 2739 |
| 84 | 1008 | 1260 | 1512 | 1764 | 2016 | 2268 | 2520 | 2772 |
| 85 | 1020 | 1275 | 1530 | 1785 | 2040 | 2295 | 2550 | 2805 |
| 86 | 1032 | 1290 | 1548 | 1806 | 2064 | 2322 | 2580 | 2838 |
| 87 | 1044 | 1305 | 1566 | 1827 | 2088 | 2349 | 2610 | 2871 |
| 88 | 1056 | 1320 | 1584 | 1848 | 2112 | 2376 | 2640 | 2904 |
| 89 | 1068 | 1335 | 1602 | 1869 | 2136 | 2403 | 2670 | 2937 |
| 90 | 1080 | 1350 | 1620 | 1890 | 2160 | 2430 | 2700 | 2970 |
| 91 | 1092 | 1365 | 1638 | 1911 | 2184 | 2457 | 2730 | 3003 |
| 92 | 1104 | 1380 | 1656 | 1932 | 2208 | 2484 | 2760 | 3036 |
| 93 | 1116 | 1395 | 1674 | 1953 | 2232 | 2511 | 2790 | 3069 |
| 94 | 1128 | 1410 | 1692 | 1974 | 2256 | 2538 | 2820 | 3102 |
| 95 | 1140 | 1425 | 1710 | 1995 | 2280 | 2565 | 2850 | 3135 |
| 96 | 1152 | 1440 | 1728 | 2016 | 2304 | 2592 | 2880 | 3168 |
| 97 | 1164 | 1455 | 1746 | 2037 | 2328 | 2619 | 2910 | 3201 |
| 98 | 1176 | 1470 | 1764 | 2058 | 2352 | 2646 | 2940 | 3234 |
| 99 | 1188 | 1485 | 1782 | 2079 | 2376 | 2673 | 2970 | 3267 |
| 100 | 1200 | 1500 | 1800 | 2100 | 2400 | 2700 | 3000 | 3300 |

### 3" x 6"

| Pcs. | 8 Ft. | 10 Ft. | 12 Ft. | 14 Ft. | 16 Ft. | 18 Ft. | 20 Ft. | 22 Ft. |
|---|---|---|---|---|---|---|---|---|
| 200 | 2400 | 3000 | 3600 | 4200 | 4800 | 5400 | 6000 | 6600 |
| 300 | 3600 | 4500 | 5400 | 6300 | 7200 | 8100 | 9000 | 9900 |
| 400 | 4800 | 6000 | 7200 | 8400 | 9600 | 10800 | 12000 | 13200 |
| 500 | 6000 | 7500 | 9000 | 10500 | 12000 | 13500 | 15000 | 16500 |
| 600 | 7200 | 9000 | 10800 | 12600 | 14400 | 16200 | 18000 | 19800 |
| 700 | 8400 | 10500 | 12600 | 14700 | 16800 | 18900 | 21000 | 23100 |
| 800 | 9600 | 12000 | 14400 | 16800 | 19200 | 21600 | 24000 | 26400 |
| 900 | 10800 | 13500 | 16200 | 18900 | 21600 | 24300 | 27000 | 29700 |
| 1000 | 12000 | 15000 | 18000 | 21000 | 24000 | 27000 | 30000 | 33000 |

## 3" x 10"

| Pcs. | 8 Ft. | 10 Ft. | 12 Ft. | 14 Ft. | 16 Ft. | 18 Ft. | 20 Ft. | 22 Ft. |
|---|---|---|---|---|---|---|---|---|
| 1 | 20 | 25 | 30 | 35 | 40 | 45 | 50 | 55 |
| 2 | 40 | 50 | 60 | 70 | 80 | 90 | 100 | 110 |
| 3 | 60 | 75 | 90 | 105 | 120 | 135 | 150 | 165 |
| 4 | 80 | 100 | 120 | 140 | 160 | 180 | 200 | 220 |
| 5 | 100 | 125 | 150 | 175 | 200 | 225 | 250 | 275 |
| 6 | 120 | 150 | 180 | 210 | 240 | 270 | 300 | 330 |
| 7 | 140 | 175 | 210 | 245 | 280 | 315 | 350 | 385 |
| 8 | 160 | 200 | 240 | 280 | 320 | 360 | 400 | 440 |
| 9 | 180 | 225 | 270 | 315 | 360 | 405 | 450 | 495 |
| 10 | 200 | 250 | 300 | 350 | 400 | 450 | 500 | 550 |
| 11 | 220 | 275 | 330 | 385 | 440 | 495 | 550 | 605 |
| 12 | 240 | 300 | 360 | 420 | 480 | 540 | 600 | 660 |
| 13 | 260 | 325 | 390 | 455 | 520 | 585 | 650 | 715 |
| 14 | 280 | 350 | 420 | 490 | 560 | 630 | 700 | 770 |
| 15 | 300 | 375 | 450 | 525 | 600 | 675 | 750 | 825 |
| 16 | 320 | 400 | 480 | 560 | 640 | 720 | 800 | 880 |
| 17 | 340 | 425 | 510 | 595 | 680 | 765 | 850 | 935 |
| 18 | 360 | 450 | 540 | 630 | 720 | 810 | 900 | 990 |
| 19 | 380 | 475 | 570 | 665 | 760 | 855 | 950 | 1045 |
| 20 | 400 | 500 | 600 | 700 | 800 | 900 | 1000 | 1100 |
| 21 | 420 | 525 | 630 | 735 | 840 | 945 | 1050 | 1155 |
| 22 | 440 | 550 | 660 | 770 | 880 | 990 | 1100 | 1210 |
| 23 | 460 | 575 | 690 | 805 | 920 | 1035 | 1150 | 1265 |
| 24 | 480 | 600 | 720 | 840 | 960 | 1080 | 1200 | 1320 |
| 25 | 500 | 625 | 750 | 875 | 1000 | 1125 | 1250 | 1375 |
| 26 | 520 | 650 | 780 | 910 | 1040 | 1170 | 1300 | 1430 |
| 27 | 540 | 675 | 810 | 945 | 1080 | 1215 | 1350 | 1485 |
| 28 | 560 | 700 | 840 | 980 | 1120 | 1260 | 1400 | 1540 |
| 29 | 580 | 725 | 870 | 1015 | 1160 | 1305 | 1450 | 1595 |
| 30 | 600 | 750 | 900 | 1050 | 1200 | 1350 | 1500 | 1650 |
| 31 | 620 | 775 | 930 | 1085 | 1240 | 1395 | 1550 | 1705 |
| 32 | 640 | 800 | 960 | 1120 | 1280 | 1440 | 1600 | 1760 |
| 33 | 660 | 825 | 990 | 1155 | 1320 | 1485 | 1650 | 1815 |
| 34 | 680 | 850 | 1020 | 1190 | 1360 | 1530 | 1700 | 1870 |
| 35 | 700 | 875 | 1050 | 1225 | 1400 | 1575 | 1750 | 1925 |
| 36 | 720 | 900 | 1080 | 1260 | 1440 | 1620 | 1800 | 1980 |
| 37 | 740 | 925 | 1110 | 1295 | 1480 | 1665 | 1850 | 2035 |
| 38 | 760 | 950 | 1140 | 1330 | 1520 | 1710 | 1900 | 2090 |
| 39 | 780 | 975 | 1170 | 1365 | 1560 | 1755 | 1950 | 2145 |
| 40 | 800 | 1000 | 1200 | 1400 | 1600 | 1800 | 2000 | 2200 |
| 41 | 820 | 1025 | 1230 | 1435 | 1640 | 1845 | 2050 | 2255 |
| 42 | 840 | 1050 | 1260 | 1470 | 1680 | 1890 | 2100 | 2310 |
| 43 | 860 | 1075 | 1290 | 1505 | 1720 | 1935 | 2150 | 2365 |
| 44 | 880 | 1100 | 1320 | 1540 | 1760 | 1980 | 2200 | 2420 |
| 45 | 900 | 1125 | 1350 | 1575 | 1800 | 2025 | 2250 | 2475 |
| 46 | 920 | 1150 | 1380 | 1610 | 1840 | 2070 | 2300 | 2530 |
| 47 | 940 | 1175 | 1410 | 1645 | 1880 | 2115 | 2350 | 2585 |
| 48 | 960 | 1200 | 1440 | 1680 | 1920 | 2160 | 2400 | 2640 |
| 49 | 980 | 1225 | 1470 | 1715 | 1960 | 2205 | 2450 | 2695 |
| 50 | 1000 | 1250 | 1500 | 1750 | 2000 | 2250 | 2500 | 2750 |

## 3" x 10"

| Pcs. | 8 Ft. | 10 Ft. | 12 Ft. | 14 Ft. | 16 Ft. | 18 Ft. | 20 Ft. | 22 Ft. |
|---|---|---|---|---|---|---|---|---|
| 100 | 2000 | 2500 | 3000 | 3500 | 4000 | 4500 | 5000 | 5500 |
| 200 | 4000 | 5000 | 6000 | 7000 | 8000 | 9000 | 10000 | 11000 |
| 300 | 6000 | 7500 | 9000 | 10500 | 12000 | 13500 | 15000 | 16500 |
| 400 | 8000 | 10000 | 12000 | 14000 | 16000 | 18000 | 20000 | 22000 |
| 500 | 10000 | 12500 | 15000 | 17500 | 20000 | 22500 | 25000 | 27500 |
| 600 | 12000 | 15000 | 18000 | 21000 | 24000 | 27000 | 30000 | 33000 |
| 700 | 14000 | 17500 | 21000 | 24500 | 28000 | 31500 | 35000 | 38500 |
| 800 | 16000 | 20000 | 24000 | 28000 | 32000 | 36000 | 40000 | 44000 |
| 900 | 18000 | 22500 | 27000 | 31500 | 36000 | 40500 | 45000 | 49500 |
| 1000 | 20000 | 25000 | 30000 | 35000 | 40000 | 45000 | 50000 | 55000 |

# 3" x 12"

| Pcs. | 8 Ft. | 10 Ft. | 12 Ft. | 14 Ft. | 16 Ft. | 18 Ft. | 20 Ft. | 22 Ft. |
|---|---|---|---|---|---|---|---|---|
| 1 | 24 | 30 | 36 | 42 | 48 | 54 | 60 | 66 |
| 2 | 48 | 60 | 72 | 84 | 96 | 108 | 120 | 132 |
| 3 | 72 | 90 | 108 | 126 | 144 | 162 | 180 | 198 |
| 4 | 96 | 120 | 144 | 168 | 192 | 216 | 240 | 264 |
| 5 | 120 | 150 | 180 | 210 | 240 | 270 | 300 | 330 |
| 6 | 144 | 180 | 216 | 252 | 288 | 324 | 360 | 396 |
| 7 | 168 | 210 | 252 | 294 | 336 | 378 | 420 | 462 |
| 8 | 192 | 240 | 288 | 336 | 384 | 432 | 480 | 528 |
| 9 | 216 | 270 | 324 | 378 | 432 | 486 | 540 | 594 |
| 10 | 240 | 300 | 360 | 420 | 480 | 540 | 600 | 660 |
| 11 | 264 | 330 | 396 | 462 | 528 | 594 | 660 | 726 |
| 12 | 288 | 360 | 432 | 504 | 576 | 648 | 720 | 792 |
| 13 | 312 | 390 | 468 | 546 | 624 | 702 | 780 | 858 |
| 14 | 336 | 420 | 504 | 588 | 672 | 756 | 840 | 924 |
| 15 | 360 | 450 | 540 | 630 | 720 | 810 | 900 | 990 |
| 16 | 384 | 480 | 576 | 672 | 768 | 864 | 960 | 1056 |
| 17 | 408 | 510 | 612 | 714 | 816 | 918 | 1020 | 1122 |
| 18 | 432 | 540 | 648 | 756 | 864 | 972 | 1080 | 1188 |
| 19 | 456 | 570 | 684 | 798 | 912 | 1026 | 1140 | 1254 |
| 20 | 480 | 600 | 720 | 840 | 960 | 1080 | 1200 | 1320 |
| 21 | 504 | 630 | 756 | 882 | 1008 | 1134 | 1260 | 1386 |
| 22 | 528 | 660 | 792 | 924 | 1056 | 1188 | 1320 | 1452 |
| 23 | 552 | 690 | 828 | 966 | 1104 | 1242 | 1380 | 1518 |
| 24 | 576 | 720 | 864 | 1008 | 1152 | 1296 | 1440 | 1584 |
| 25 | 600 | 750 | 900 | 1050 | 1200 | 1350 | 1500 | 1650 |
| 26 | 624 | 780 | 936 | 1092 | 1248 | 1404 | 1560 | 1716 |
| 27 | 648 | 810 | 972 | 1134 | 1296 | 1458 | 1620 | 1782 |
| 28 | 672 | 840 | 1008 | 1176 | 1344 | 1512 | 1680 | 1848 |
| 29 | 696 | 870 | 1044 | 1218 | 1392 | 1566 | 1740 | 1914 |
| 30 | 720 | 900 | 1080 | 1260 | 1440 | 1620 | 1800 | 1980 |
| 31 | 744 | 930 | 1116 | 1302 | 1488 | 1674 | 1860 | 2046 |
| 32 | 768 | 960 | 1152 | 1344 | 1536 | 1728 | 1920 | 2112 |
| 33 | 792 | 990 | 1188 | 1386 | 1584 | 1782 | 1980 | 2178 |
| 34 | 816 | 1020 | 1224 | 1428 | 1632 | 1836 | 2040 | 2244 |
| 35 | 840 | 1050 | 1260 | 1470 | 1680 | 1890 | 2100 | 2310 |
| 36 | 864 | 1080 | 1296 | 1512 | 1728 | 1944 | 2160 | 2376 |
| 37 | 888 | 1110 | 1332 | 1554 | 1776 | 1998 | 2220 | 2442 |
| 38 | 912 | 1140 | 1268 | 1596 | 1824 | 2052 | 2280 | 2508 |
| 39 | 936 | 1170 | 1404 | 1638 | 1872 | 2106 | 2340 | 2574 |
| 40 | 960 | 1200 | 1440 | 1680 | 1920 | 2160 | 2400 | 2640 |
| 41 | 984 | 1230 | 1476 | 1722 | 1968 | 2214 | 2460 | 2706 |
| 42 | 1008 | 1260 | 1512 | 1764 | 2016 | 2268 | 2520 | 2772 |
| 43 | 1032 | 1290 | 1548 | 1806 | 2064 | 2322 | 2580 | 2838 |
| 44 | 1056 | 1320 | 1584 | 1848 | 2112 | 2376 | 2640 | 2904 |
| 45 | 1080 | 1350 | 1620 | 1890 | 2160 | 2430 | 2700 | 2970 |
| 46 | 1104 | 1380 | 1656 | 1932 | 2208 | 2484 | 2760 | 3036 |
| 47 | 1128 | 1410 | 1692 | 1974 | 2256 | 2538 | 2820 | 3102 |
| 48 | 1152 | 1440 | 1728 | 2016 | 2304 | 2592 | 2880 | 3168 |
| 49 | 1176 | 1470 | 1764 | 2058 | 2352 | 2646 | 2940 | 3234 |
| 50 | 1200 | 1500 | 1800 | 2100 | 2400 | 2700 | 3000 | 3300 |

## 3" x 12"

| Pcs. | 8 Ft. | 10 Ft. | 12 Ft. | 14 Ft. | 16 Ft. | 18 Ft. | 20 Ft. | 22 Ft. |
|---|---|---|---|---|---|---|---|---|
| 100 | 2400 | 3000 | 3600 | 4200 | 4800 | 5400 | 6000 | 6600 |
| 200 | 4800 | 6000 | 7200 | 8400 | 9600 | 10800 | 12000 | 13200 |
| 300 | 7200 | 9000 | 10800 | 12600 | 14400 | 16200 | 18000 | 19800 |
| 400 | 9600 | 12000 | 14400 | 16800 | 19200 | 21600 | 24000 | 26400 |
| 500 | 12000 | 15000 | 18000 | 21000 | 24000 | 27000 | 30000 | 33000 |
| 600 | 14400 | 18000 | 21600 | 25200 | 28800 | 32400 | 36000 | 39600 |
| 700 | 16800 | 21000 | 25200 | 29400 | 33600 | 37800 | 42000 | 46200 |
| 800 | 19200 | 24000 | 28800 | 33600 | 38400 | 43200 | 48000 | 52800 |
| 900 | 21600 | 27000 | 32400 | 37800 | 43200 | 48600 | 54000 | 59400 |
| 1000 | 24000 | 30000 | 36000 | 42000 | 48000 | 54000 | 60000 | 66000 |

4" x 4"

| Pcs. | 8 Ft. | 10 Ft. | 12 Ft. | 14 Ft. | 16 Ft. | 18 Ft. | 20 Ft. | 22 Ft. |
|---|---|---|---|---|---|---|---|---|
| 1 | 10.7 | 13.3 | 16. | 18.7 | 21.3 | 24. | 26.7 | 29.3 |
| 2 | 21.3 | 26.7 | 32. | 37.3 | 42.7 | 48. | 53.3 | 58.7 |
| 3 | 32. | 40. | 48. | 56. | 64. | 72. | 80. | 88. |
| 4 | 42.7 | 53.3 | 64. | 74.7 | 85.3 | 96. | 106.7 | 117.3 |
| 5 | 53.3 | 66.7 | 80. | 93.3 | 106.7 | 120. | 133.3 | 146.7 |
| 6 | 64. | 80. | 96. | 112. | 128. | 144. | 160. | 176. |
| 7 | 74.7 | 93.3 | 112. | 130.7 | 149.3 | 168. | 186.7 | 205.3 |
| 8 | 85.3 | 106.7 | 128. | 149.3 | 170.7 | 192. | 213.3 | 234.7 |
| 9 | 96. | 120. | 144. | 168. | 192. | 216. | 240. | 264. |
| 10 | 106.7 | 133.3 | 160. | 186.7 | 213.3 | 240. | 266.7 | 293.3 |
| 11 | 117.3 | 146.7 | 176. | 205.3 | 234.7 | 264. | 293.3 | 322.7 |
| 12 | 128. | 160. | 192. | 224. | 256. | 288. | 320. | 352. |
| 13 | 138.7 | 173.3 | 208. | 242.7 | 277.3 | 312. | 346.7 | 381.3 |
| 14 | 149.3 | 186.7 | 224. | 261.3 | 298.7 | 336. | 373.3 | 410.7 |
| 15 | 160. | 200. | 240. | 280. | 320. | 360. | 400. | 440. |
| 16 | 170.7 | 213.3 | 256. | 298.7 | 341.3 | 384. | 426.7 | 469.3 |
| 17 | 181.3 | 226.7 | 272. | 317.3 | 362.7 | 408. | 453.3 | 498.7 |
| 18 | 192. | 240. | 288. | 336. | 384. | 432. | 480. | 528. |
| 19 | 202.7 | 253.3 | 304. | 354.7 | 405.3 | 456. | 506.7 | 557.3 |
| 20 | 213.3 | 266.7 | 320. | 373.3 | 426.7 | 480. | 533.3 | 586.7 |
| 21 | 224. | 280. | 336. | 392. | 448. | 504. | 560. | 616. |
| 22 | 234.7 | 293.3 | 352. | 410.7 | 469.3 | 528. | 586.7 | 645.3 |
| 23 | 245.3 | 306.7 | 368. | 429.3 | 490.7 | 552. | 613.3 | 674.7 |
| 24 | 256. | 320. | 384. | 448. | 512. | 576. | 640. | 704. |
| 25 | 266.7 | 333.3 | 400. | 466.7 | 533.3 | 600. | 666.7 | 733.3 |
| 26 | 277.3 | 346.7 | 416. | 485.3 | 554.7 | 624. | 693.3 | 762.7 |
| 27 | 288. | 360. | 432. | 504. | 576. | 648. | 720. | 792. |
| 28 | 298.7 | 373.3 | 448. | 522.7 | 597.3 | 672. | 746.7 | 821.3 |
| 29 | 309.3 | 386.7 | 464. | 541.3 | 618.7 | 696. | 773.3 | 850.7 |
| 30 | 320. | 400. | 480. | 560. | 640. | 720. | 800. | 880. |
| 31 | 330.7 | 413.3 | 496. | 578.7 | 661.3 | 744. | 826.7 | 909.3 |
| 32 | 341.3 | 426.7 | 512. | 597.3 | 682.7 | 768. | 853.3 | 938.7 |
| 33 | 352. | 440. | 528. | 616. | 704. | 792. | 880. | 968. |
| 34 | 362.7 | 453.3 | 544. | 634.7 | 725.3 | 816. | 906.7 | 997.3 |
| 35 | 373.3 | 466.7 | 560. | 653.3 | 746.7 | 840. | 933.3 | 1026.7 |
| 36 | 384. | 480. | 576. | 672. | 768. | 864. | 960. | 1056. |
| 37 | 394.7 | 493.3 | 592. | 690.7 | 789.3 | 888. | 986.7 | 1085.3 |
| 38 | 405.3 | 506.7 | 608. | 709.3 | 810.7 | 912. | 1013.3 | 1114.7 |
| 39 | 416. | 520. | 624. | 728. | 832. | 936. | 1040. | 1144. |
| 40 | 426.7 | 533.3 | 640. | 746.7 | 853.3 | 960. | 1066.7 | 1173.3 |
| 41 | 437.3 | 546.7 | 656. | 765.3 | 874.7 | 984. | 1093.3 | 1202.7 |
| 42 | 448. | 560. | 672. | 784. | 896. | 1008. | 1120. | 1232. |
| 43 | 458.7 | 573.3 | 688. | 802.7 | 917.3 | 1032. | 1146.7 | 1261.3 |
| 44 | 469.3 | 586.7 | 704. | 821.3 | 938.7 | 1056. | 1173.3 | 1290.7 |
| 45 | 480. | 600. | 720. | 840. | 960. | 1080. | 1200. | 1320. |
| 46 | 490.7 | 613.3 | 736. | 858.7 | 981.3 | 1104. | 1226.7 | 1349.3 |
| 47 | 501.3 | 626.7 | 752. | 877.3 | 1002.7 | 1128. | 1253.3 | 1378.7 |
| 48 | 512. | 640. | 768. | 896. | 1024. | 1152. | 1280. | 1408. |
| 49 | 522.7 | 653.3 | 784. | 914.7 | 1045.3 | 1176. | 1306.7 | 1437.3 |
| 50 | 533.3 | 666.7 | 800. | 933.3 | 1066.7 | 1200. | 1333.3 | 1466.7 |

| Pcs. | 8 Ft. | 10 Ft. | 12 Ft. | 14 Ft. | 16 Ft. | 18 Ft. | 20 Ft. | 22 Ft. |
|---|---|---|---|---|---|---|---|---|
| 51 | 544. | 680. | 816. | 952. | 1088. | 1224. | 1360. | 1496. |
| 52 | 554.7 | 693.3 | 832. | 970.7 | 1109.3 | 1248. | 1386.7 | 1525.3 |
| 53 | 565.3 | 706.7 | 848. | 989.3 | 1130.7 | 1272. | 1413.3 | 1554.7 |
| 54 | 576. | 720. | 864. | 1008. | 1152. | 1296. | 1440. | 1584. |
| 55 | 586.7 | 733.3 | 880. | 1026.7 | 1173.3 | 1320. | 1466.7 | 1613.3 |
| 56 | 597.3 | 746.7 | 896. | 1045.3 | 1194.7 | 1344. | 1493.3 | 1642.7 |
| 57 | 608. | 760. | 912. | 1064. | 1216. | 1368. | 1520. | 1672. |
| 58 | 618.7 | 773.3 | 928. | 1082.7 | 1237.3 | 1392. | 1546.7 | 1701.3 |
| 59 | 629.3 | 786.7 | 944. | 1101.3 | 1258.7 | 1416. | 1573.3 | 1730.7 |
| 60 | 640. | 800. | 960. | 1120. | 1280. | 1440. | 1600. | 1760. |
| 61 | 650.7 | 813.3 | 976. | 1138.7 | 1301.3 | 1464. | 1626.7 | 1789.3 |
| 62 | 661.3 | 826.7 | 992. | 1157.3 | 1322.7 | 1488. | 1653.3 | 1818.7 |
| 63 | 672. | 840. | 1008. | 1176. | 1344. | 1512. | 1680. | 1848. |
| 64 | 682.7 | 853.3 | 1024. | 1194.7 | 1365.3 | 1536. | 1706.7 | 1877.3 |
| 65 | 693.3 | 866.7 | 1040. | 1213.3 | 1386.7 | 1560. | 1733.3 | 1906.7 |
| 66 | 704. | 880. | 1056. | 1232. | 1408. | 1584. | 1760. | 1936. |
| 67 | 714.7 | 893.3 | 1072. | 1250.7 | 1429.3 | 1608. | 1786.7 | 1965.3 |
| 68 | 725.3 | 906.7 | 1088. | 1269.3 | 1450.7 | 1632. | 1813.3 | 1994.7 |
| 69 | 736. | 920. | 1104. | 1288. | 1472. | 1656. | 1840. | 2024. |
| 70 | 746.7 | 933.3 | 1120. | 1306.7 | 1493.3 | 1680. | 1866.7 | 2053.3 |
| 71 | 757.3 | 946.7 | 1136. | 1325.3 | 1514.7 | 1704. | 1893.3 | 2082.7 |
| 72 | 768. | 960. | 1152. | 1344. | 1536. | 1728. | 1920. | 2112. |
| 73 | 778.7 | 973.3 | 1168. | 1362.7 | 1557.3 | 1752. | 1946.7 | 2141.3 |
| 74 | 789.3 | 986.7 | 1184. | 1381.3 | 1578.7 | 1776. | 1973.3 | 2170.7 |
| 75 | 800. | 1000. | 1200. | 1400. | 1600. | 1800. | 2000. | 2200. |
| 76 | 810.7 | 1013.3 | 1216. | 1418.7 | 1621.3 | 1824. | 2026.7 | 2229.3 |
| 77 | 821.3 | 1026.7 | 1232. | 1437.3 | 1642.7 | 1848. | 2053.3 | 2258.7 |
| 78 | 832. | 1040. | 1248. | 1456. | 1664. | 1872. | 2080. | 2288. |
| 79 | 842.7 | 1053.3 | 1264. | 1474.7 | 1685.3 | 1896. | 2106.7 | 2317.3 |
| 80 | 853.3 | 1066.7 | 1280. | 1493.3 | 1706.7 | 1920. | 2133.3 | 2346.7 |
| 81 | 864. | 1080. | 1296. | 1512. | 1728. | 1944. | 2160. | 2376. |
| 82 | 874.7 | 1093.3 | 1312. | 1530.7 | 1749.3 | 1968. | 2186.7 | 2405.3 |
| 83 | 885.3 | 1106.7 | 1328. | 1549.3 | 1770.7 | 1992. | 2213.3 | 2434.7 |
| 84 | 896. | 1120. | 1344. | 1568. | 1792. | 2016. | 2240. | 2464. |
| 85 | 906.7 | 1133.3 | 1360. | 1586.7 | 1813.3 | 2040. | 2266.7 | 2493.3 |
| 86 | 917.3 | 1146.7 | 1376. | 1605.3 | 1834.7 | 2064. | 2293.3 | 2522.7 |
| 87 | 928. | 1160. | 1392. | 1624. | 1856. | 2088. | 2320. | 2552. |
| 88 | 938.7 | 1173.3 | 1408. | 1642.7 | 1877.3 | 2112. | 2346.7 | 2581.3 |
| 89 | 949.3 | 1186.7 | 1424. | 1661.3 | 1898.7 | 2136. | 2373.3 | 2610.7 |
| 90 | 960. | 1200. | 1440. | 1680. | 1920. | 2160. | 2400. | 2640. |
| 91 | 970.7 | 1213.3 | 1456. | 1698.7 | 1941.3 | 2184. | 2426.7 | 2669.3 |
| 92 | 981.3 | 1226.7 | 1472. | 1717.3 | 1962.7 | 2208. | 2453.3 | 2698.7 |
| 93 | 992. | 1240. | 1488. | 1736. | 1984. | 2232. | 2480. | 2728. |
| 94 | 1002.7 | 1253.3 | 1504. | 1754.7 | 2005.3 | 2256. | 2506.7 | 2757.3 |
| 95 | 1013.3 | 1266.7 | 1520. | 1773.3 | 2026.7 | 2280. | 2533.3 | 2786.7 |
| 96 | 1024. | 1280. | 1536. | 1792. | 2048. | 2304. | 2560. | 2816. |
| 97 | 1034.7 | 1293.3 | 1552. | 1810.7 | 2069.3 | 2328. | 2586.7 | 2845.3 |
| 98 | 1045.3 | 1306.7 | 1568. | 1829.3 | 2090.7 | 2352. | 2613.3 | 2874.7 |
| 99 | 1056. | 1320. | 1584. | 1848. | 2112. | 2376. | 2640. | 2904. |
| 100 | 1066.7 | 1333.3 | 1600. | 1866.7 | 2133.3 | 2400. | 2666.7 | 2933.3 |

4" x 4"

| Pcs. | 8 Ft. | 10 Ft. | 12 Ft. | 14 Ft. | 16 Ft. | 18 Ft. | 20 Ft. | 22 Ft. |
|---|---|---|---|---|---|---|---|---|
| 200 | 2133.3 | 2666.7 | 3200. | 3733.3 | 4266.7 | 4800. | 5333.3 | 5866.7 |
| 300 | 3200. | 4000. | 4800. | 5600. | 6400. | 7200. | 8000. | 8800. |
| 400 | 4266.7 | 5333.3 | 6400. | 7466.7 | 8533.3 | 9600. | 10666.7 | 11733.3 |
| 500 | 5333.3 | 6666.7 | 8000. | 9333.3 | 10666.7 | 12000. | 13333.3 | 14666.7 |
| 600 | 6400. | 8000. | 9600. | 11200. | 12800. | 14400. | 16000. | 17600. |
| 700 | 7466.7 | 9333.3 | 11200. | 13066.7 | 14933.3 | 16800. | 18666.7 | 20533.3 |
| 800 | 8533.3 | 10666.7 | 12800. | 14933.3 | 17066.7 | 19200. | 21333.3 | 23466.7 |
| 900 | 9600. | 12000. | 14400. | 16800. | 19200. | 21600. | 24000. | 26400. |
| 1000 | 10666.7 | 13333.3 | 16000. | 18666.7 | 21333.3 | 24000. | 26666.7 | 29333.3 |

## 4" x 6"

| Pcs. | 8 Ft. | 10 Ft. | 12 Ft. | 14 Ft. | 16 Ft. | 18 Ft. | 20 Ft. | 22 Ft. |
|---|---|---|---|---|---|---|---|---|
| 1 | 16 | 20 | 24 | 28 | 32 | 36 | 40 | 44 |
| 2 | 32 | 40 | 48 | 56 | 64 | 72 | 80 | 88 |
| 3 | 48 | 60 | 72 | 84 | 96 | 108 | 120 | 132 |
| 4 | 64 | 80 | 96 | 112 | 128 | 144 | 160 | 176 |
| 5 | 80 | 100 | 120 | 140 | 160 | 180 | 200 | 220 |
| 6 | 96 | 120 | 144 | 168 | 192 | 216 | 240 | 264 |
| 7 | 112 | 140 | 168 | 196 | 224 | 252 | 280 | 308 |
| 8 | 128 | 160 | 192 | 224 | 256 | 288 | 320 | 352 |
| 9 | 144 | 180 | 216 | 252 | 288 | 324 | 360 | 396 |
| 10 | 160 | 200 | 240 | 280 | 320 | 360 | 400 | 440 |
| 11 | 176 | 220 | 264 | 308 | 352 | 396 | 440 | 484 |
| 12 | 192 | 240 | 288 | 336 | 384 | 432 | 480 | 528 |
| 13 | 208 | 260 | 312 | 364 | 416 | 468 | 520 | 572 |
| 14 | 224 | 280 | 336 | 392 | 448 | 504 | 560 | 616 |
| 15 | 240 | 300 | 360 | 420 | 480 | 540 | 600 | 660 |
| 16 | 256 | 320 | 384 | 448 | 512 | 576 | 640 | 704 |
| 17 | 272 | 340 | 408 | 476 | 544 | 612 | 680 | 748 |
| 18 | 288 | 360 | 432 | 504 | 576 | 648 | 720 | 792 |
| 19 | 304 | 380 | 456 | 532 | 608 | 684 | 760 | 836 |
| 20 | 320 | 400 | 480 | 560 | 640 | 720 | 800 | 880 |
| 21 | 336 | 420 | 504 | 588 | 672 | 756 | 840 | 924 |
| 22 | 352 | 440 | 528 | 616 | 704 | 792 | 880 | 968 |
| 23 | 368 | 460 | 552 | 644 | 736 | 828 | 920 | 1012 |
| 24 | 384 | 480 | 576 | 672 | 768 | 864 | 960 | 1056 |
| 25 | 400 | 500 | 600 | 700 | 800 | 900 | 1000 | 1100 |
| 26 | 416 | 520 | 624 | 728 | 832 | 936 | 1040 | 1144 |
| 27 | 432 | 540 | 648 | 756 | 864 | 972 | 1080 | 1188 |
| 28 | 448 | 560 | 672 | 784 | 896 | 1008 | 1120 | 1232 |
| 29 | 464 | 580 | 696 | 812 | 928 | 1044 | 1160 | 1276 |
| 30 | 480 | 600 | 720 | 840 | 960 | 1080 | 1200 | 1320 |
| 31 | 496 | 620 | 744 | 868 | 992 | 1116 | 1240 | 1364 |
| 32 | 512 | 640 | 768 | 896 | 1024 | 1152 | 1280 | 1408 |
| 33 | 528 | 660 | 792 | 924 | 1056 | 1188 | 1320 | 1452 |
| 34 | 544 | 680 | 816 | 952 | 1088 | 1224 | 1360 | 1496 |
| 35 | 560 | 700 | 840 | 980 | 1120 | 1260 | 1400 | 1540 |
| 36 | 576 | 720 | 864 | 1008 | 1152 | 1296 | 1440 | 1584 |
| 37 | 592 | 740 | 888 | 1036 | 1184 | 1332 | 1480 | 1628 |
| 38 | 608 | 760 | 912 | 1064 | 1216 | 1368 | 1520 | 1672 |
| 39 | 624 | 780 | 936 | 1092 | 1248 | 1404 | 1560 | 1716 |
| 40 | 640 | 800 | 960 | 1120 | 1280 | 1440 | 1600 | 1760 |
| 41 | 656 | 820 | 984 | 1148 | 1312 | 1476 | 1640 | 1804 |
| 42 | 672 | 840 | 1008 | 1176 | 1344 | 1512 | 1680 | 1848 |
| 43 | 688 | 860 | 1032 | 1204 | 1376 | 1548 | 1720 | 1892 |
| 44 | 704 | 880 | 1056 | 1232 | 1408 | 1584 | 1760 | 1936 |
| 45 | 720 | 900 | 1080 | 1260 | 1440 | 1620 | 1800 | 1980 |
| 46 | 736 | 920 | 1104 | 1288 | 1472 | 1656 | 1840 | 2024 |
| 47 | 752 | 940 | 1128 | 1316 | 1504 | 1692 | 1880 | 2068 |
| 48 | 768 | 960 | 1152 | 1344 | 1536 | 1728 | 1920 | 2112 |
| 49 | 784 | 980 | 1176 | 1372 | 1568 | 1764 | 1960 | 2156 |
| 50 | 800 | 1000 | 1200 | 1400 | 1600 | 1800 | 2000 | 2200 |

| Pcs. | 8 Ft. | 10 Ft. | 12 Ft. | 14 Ft. | 16 Ft. | 18 Ft. | 20 Ft. | 22 Ft. |
|---|---|---|---|---|---|---|---|---|
| 51 | 816 | 1020 | 1224 | 1428 | 1632 | 1836 | 2040 | 2244 |
| 52 | 832 | 1040 | 1248 | 1456 | 1664 | 1872 | 2080 | 2288 |
| 53 | 848 | 1060 | 1272 | 1484 | 1696 | 1908 | 2120 | 2332 |
| 54 | 864 | 1080 | 1296 | 1512 | 1728 | 1944 | 2160 | 2376 |
| 55 | 880 | 1100 | 1320 | 1540 | 1760 | 1980 | 2200 | 2420 |
| 56 | 896 | 1120 | 1344 | 1568 | 1792 | 2016 | 2240 | 2464 |
| 57 | 912 | 1140 | 1368 | 1596 | 1824 | 2052 | 2280 | 2508 |
| 58 | 928 | 1160 | 1392 | 1624 | 1856 | 2088 | 2320 | 2552 |
| 59 | 944 | 1180 | 1416 | 1652 | 1888 | 2124 | 2360 | 2596 |
| 60 | 960 | 1200 | 1440 | 1680 | 1920 | 2160 | 2400 | 2640 |
| 61 | 976 | 1220 | 1464 | 1708 | 1952 | 2196 | 2440 | 2684 |
| 62 | 992 | 1240 | 1488 | 1736 | 1984 | 2232 | 2480 | 2728 |
| 63 | 1008 | 1260 | 1512 | 1764 | 2016 | 2268 | 2520 | 2772 |
| 64 | 1024 | 1280 | 1536 | 1792 | 2048 | 2304 | 2560 | 2816 |
| 65 | 1040 | 1300 | 1560 | 1820 | 2080 | 2340 | 2600 | 2860 |
| 66 | 1056 | 1320 | 1584 | 1848 | 2112 | 2376 | 2640 | 2904 |
| 67 | 1072 | 1340 | 1608 | 1876 | 2144 | 2412 | 2680 | 2948 |
| 68 | 1088 | 1360 | 1632 | 1904 | 2176 | 2448 | 2720 | 2992 |
| 69 | 1104 | 1380 | 1656 | 1932 | 2208 | 2484 | 2760 | 3036 |
| 70 | 1120 | 1400 | 1680 | 1960 | 2240 | 2520 | 2800 | 3080 |
| 71 | 1136 | 1420 | 1704 | 1988 | 2272 | 2556 | 2840 | 3124 |
| 72 | 1152 | 1440 | 1728 | 2016 | 2304 | 2592 | 2880 | 3168 |
| 73 | 1168 | 1460 | 1752 | 2044 | 2336 | 2628 | 2920 | 3212 |
| 74 | 1184 | 1480 | 1776 | 2072 | 2368 | 2664 | 2960 | 3256 |
| 75 | 1200 | 1500 | 1800 | 2100 | 2400 | 2700 | 3000 | 3300 |
| 76 | 1216 | 1520 | 1824 | 2128 | 2432 | 2736 | 3040 | 3344 |
| 77 | 1232 | 1540 | 1848 | 2156 | 2464 | 2772 | 3080 | 3388 |
| 78 | 1248 | 1560 | 1872 | 2184 | 2496 | 2808 | 3120 | 3432 |
| 79 | 1264 | 1580 | 1896 | 2212 | 2528 | 2844 | 3160 | 3476 |
| 80 | 1280 | 1600 | 1920 | 2240 | 2560 | 2880 | 3200 | 3520 |
| 81 | 1296 | 1620 | 1944 | 2268 | 2592 | 2916 | 3240 | 3564 |
| 82 | 1312 | 1640 | 1968 | 2296 | 2624 | 2952 | 3280 | 3608 |
| 83 | 1328 | 1660 | 1992 | 2324 | 2656 | 2988 | 3320 | 3652 |
| 84 | 1344 | 1680 | 2016 | 2352 | 2688 | 3024 | 3360 | 3696 |
| 85 | 1360 | 1700 | 2040 | 2380 | 2720 | 3060 | 3400 | 3740 |
| 86 | 1376 | 1720 | 2064 | 2408 | 2752 | 3096 | 3440 | 3784 |
| 87 | 1392 | 1740 | 2088 | 2436 | 2784 | 3132 | 3480 | 3828 |
| 88 | 1408 | 1760 | 2112 | 2464 | 2816 | 3168 | 3520 | 3872 |
| 89 | 1424 | 1780 | 2136 | 2492 | 2848 | 3204 | 3560 | 3916 |
| 90 | 1440 | 1800 | 2160 | 2520 | 2880 | 3240 | 3600 | 3960 |
| 91 | 1456 | 1820 | 2184 | 2548 | 2912 | 3276 | 3640 | 4004 |
| 92 | 1472 | 1840 | 2208 | 2576 | 2944 | 3312 | 3680 | 4048 |
| 93 | 1488 | 1860 | 2232 | 2604 | 2976 | 3348 | 3720 | 4092 |
| 94 | 1504 | 1880 | 2256 | 2632 | 3008 | 3384 | 3760 | 4136 |
| 95 | 1520 | 1900 | 2280 | 2660 | 3040 | 3420 | 3800 | 4180 |
| 96 | 1536 | 1920 | 2304 | 2688 | 3072 | 3456 | 3840 | 4224 |
| 97 | 1552 | 1940 | 2328 | 2716 | 3104 | 3492 | 3880 | 4268 |
| 98 | 1568 | 1960 | 2352 | 2744 | 3136 | 3528 | 3920 | 4312 |
| 99 | 1584 | 1980 | 2376 | 2772 | 3168 | 3564 | 3960 | 4356 |
| 100 | 1600 | 2000 | 2400 | 2800 | 3200 | 3600 | 4000 | 4400 |

4" x 6"

| Pcs. | 8 Ft. | 10 Ft. | 12 Ft. | 14 Ft. | 16 Ft. | 18 Ft. | 20 Ft. | 22 Ft. |
|---|---|---|---|---|---|---|---|---|
| 200 | 3200 | 4000 | 4800 | 5600 | 6400 | 7200 | 8000 | 8800 |
| 300 | 4800 | 6000 | 7200 | 8400 | 9600 | 10800 | 12000 | 13200 |
| 400 | 6400 | 8000 | 9600 | 11200 | 12800 | 14400 | 16000 | 17600 |
| 500 | 8000 | 10000 | 12000 | 14000 | 16000 | 18000 | 20000 | 22000 |
| 600 | 9600 | 12000 | 14400 | 16800 | 19200 | 21600 | 24000 | 26400 |
| 700 | 11200 | 14000 | 16800 | 19600 | 22400 | 25200 | 28000 | 30800 |
| 800 | 12800 | 16000 | 19200 | 22400 | 25600 | 28800 | 32000 | 35200 |
| 900 | 14400 | 18000 | 21600 | 25200 | 28800 | 32400 | 36000 | 39600 |
| 1000 | 16000 | 20000 | 24000 | 28000 | 32000 | 36000 | 40000 | 44000 |

## 4" x 12"

| Pcs. | 8 Ft. | 10 Ft. | 12 Ft. | 14 Ft. | 16 Ft. | 18 Ft. | 20 Ft. | 22 Ft. |
|---|---|---|---|---|---|---|---|---|
| 1 | 32 | 40 | 48 | 56 | 64 | 72 | 80 | 88 |
| 2 | 64 | 80 | 96 | 112 | 128 | 144 | 160 | 176 |
| 3 | 96 | 120 | 144 | 168 | 192 | 216 | 240 | 264 |
| 4 | 128 | 160 | 192 | 224 | 256 | 288 | 320 | 352 |
| 5 | 160 | 200 | 240 | 280 | 320 | 360 | 400 | 440 |
| 6 | 192 | 240 | 288 | 336 | 384 | 432 | 480 | 528 |
| 7 | 224 | 280 | 336 | 392 | 448 | 504 | 560 | 616 |
| 8 | 256 | 320 | 384 | 448 | 512 | 576 | 640 | 704 |
| 9 | 288 | 360 | 432 | 504 | 576 | 648 | 720 | 792 |
| 10 | 320 | 400 | 480 | 560 | 640 | 720 | 800 | 880 |
| 11 | 352 | 440 | 528 | 616 | 704 | 792 | 880 | 968 |
| 12 | 384 | 480 | 576 | 672 | 768 | 864 | 960 | 1056 |
| 13 | 416 | 520 | 624 | 728 | 832 | 936 | 1040 | 1144 |
| 14 | 448 | 560 | 672 | 784 | 896 | 1008 | 1120 | 1232 |
| 15 | 480 | 600 | 720 | 840 | 960 | 1080 | 1200 | 1320 |
| 16 | 512 | 640 | 768 | 896 | 1024 | 1152 | 1280 | 1408 |
| 17 | 544 | 680 | 816 | 952 | 1088 | 1224 | 1360 | 1496 |
| 18 | 576 | 720 | 864 | 1008 | 1152 | 1296 | 1440 | 1584 |
| 19 | 608 | 760 | 912 | 1064 | 1216 | 1368 | 1520 | 1672 |
| 20 | 640 | 800 | 960 | 1120 | 1280 | 1440 | 1600 | 1760 |
| 21 | 672 | 840 | 1008 | 1176 | 1344 | 1512 | 1680 | 1848 |
| 22 | 704 | 880 | 1056 | 1232 | 1408 | 1584 | 1760 | 1936 |
| 23 | 736 | 920 | 1104 | 1288 | 1472 | 1656 | 1840 | 2024 |
| 24 | 768 | 960 | 1152 | 1344 | 1536 | 1728 | 1920 | 2112 |
| 25 | 800 | 1000 | 1200 | 1400 | 1600 | 1800 | 2000 | 2200 |
| 26 | 832 | 1040 | 1248 | 1456 | 1664 | 1872 | 2080 | 2288 |
| 27 | 864 | 1080 | 1296 | 1512 | 1728 | 1944 | 2160 | 2376 |
| 28 | 896 | 1120 | 1344 | 1568 | 1792 | 2016 | 2240 | 2464 |
| 29 | 928 | 1160 | 1392 | 1624 | 1856 | 2088 | 2320 | 2552 |
| 30 | 960 | 1200 | 1440 | 1680 | 1920 | 2160 | 2400 | 2640 |
| 31 | 992 | 1240 | 1488 | 1736 | 1984 | 2232 | 2480 | 2728 |
| 32 | 1024 | 1280 | 1536 | 1792 | 2048 | 2304 | 2560 | 2816 |
| 33 | 1056 | 1320 | 1584 | 1848 | 2112 | 2376 | 2640 | 2904 |
| 34 | 1088 | 1360 | 1632 | 1904 | 2176 | 2448 | 2720 | 2992 |
| 35 | 1120 | 1400 | 1680 | 1960 | 2240 | 2520 | 2800 | 3080 |
| 36 | 1152 | 1440 | 1728 | 2016 | 2304 | 2592 | 2880 | 3168 |
| 37 | 1184 | 1480 | 1776 | 2072 | 2368 | 2664 | 2960 | 3256 |
| 38 | 1216 | 1520 | 1824 | 2128 | 2432 | 2736 | 3040 | 3344 |
| 39 | 1248 | 1560 | 1872 | 2184 | 2496 | 2808 | 3120 | 3432 |
| 40 | 1280 | 1600 | 1920 | 2240 | 2560 | 2880 | 3200 | 3520 |
| 41 | 1312 | 1640 | 1968 | 2296 | 2624 | 2952 | 3280 | 3608 |
| 42 | 1344 | 1680 | 2016 | 2352 | 2688 | 3024 | 3360 | 3696 |
| 43 | 1376 | 1720 | 2064 | 2408 | 2752 | 3096 | 3440 | 3784 |
| 44 | 1408 | 1760 | 2112 | 2464 | 2816 | 3168 | 3520 | 3872 |
| 45 | 1440 | 1800 | 2160 | 2520 | 2880 | 3240 | 3600 | 3960 |
| 46 | 1472 | 1840 | 2208 | 2576 | 2944 | 3312 | 3680 | 4048 |
| 47 | 1504 | 1880 | 2256 | 2632 | 3008 | 3384 | 3760 | 4136 |
| 48 | 1536 | 1920 | 2304 | 2688 | 3072 | 3456 | 3840 | 4224 |
| 49 | 1568 | 1960 | 2352 | 2744 | 3136 | 3528 | 3920 | 4312 |
| 50 | 1600 | 2000 | 2400 | 2800 | 3200 | 3600 | 4000 | 4400 |

4" x 12"

| Pcs. | 8 Ft. | 10 Ft. | 12 Ft. | 14 Ft. | 16 Ft. | 18 Ft. | 20 Ft. | 22 Ft. |
|---|---|---|---|---|---|---|---|---|
| 100 | 3200 | 4000 | 4800 | 5600 | 6400 | 7200 | 8000 | 8800 |
| 200 | 6400 | 8000 | 9600 | 11200 | 12800 | 14400 | 16000 | 17600 |
| 300 | 9600 | 12000 | 14400 | 16800 | 19200 | 21600 | 24000 | 26400 |
| 400 | 12800 | 16000 | 19200 | 22400 | 25600 | 28800 | 32000 | 35200 |
| 500 | 16000 | 20000 | 24000 | 28000 | 32000 | 36000 | 40000 | 44000 |
| 600 | 19200 | 24000 | 28800 | 33600 | 38400 | 43200 | 48000 | 52800 |
| 700 | 22400 | 28000 | 33600 | 39200 | 44800 | 50400 | 56000 | 61600 |
| 800 | 25600 | 32000 | 38400 | 44800 | 51200 | 57600 | 64000 | 70400 |
| 900 | 28800 | 36000 | 43200 | 50400 | 57600 | 64800 | 72000 | 79200 |
| 1000 | 32000 | 40000 | 48000 | 56000 | 64000 | 72000 | 80000 | 88000 |

6" x 6"

| Pcs. | 8 Ft. | 10 Ft. | 12 Ft. | 14 Ft. | 16 Ft. | 18 Ft. | 20 Ft. | 22 Ft. |
|---|---|---|---|---|---|---|---|---|
| 1 | 24 | 30 | 36 | 42 | 48 | 54 | 60 | 66 |
| 2 | 48 | 60 | 72 | 84 | 96 | 108 | 120 | 132 |
| 3 | 72 | 90 | 108 | 126 | 144 | 162 | 180 | 198 |
| 4 | 96 | 120 | 144 | 168 | 192 | 216 | 240 | 264 |
| 5 | 120 | 150 | 180 | 210 | 240 | 270 | 300 | 330 |
| 6 | 144 | 180 | 216 | 252 | 288 | 324 | 360 | 396 |
| 7 | 168 | 210 | 252 | 294 | 336 | 378 | 420 | 462 |
| 8 | 192 | 240 | 288 | 336 | 384 | 432 | 480 | 528 |
| 9 | 216 | 270 | 324 | 378 | 432 | 486 | 540 | 594 |
| 10 | 240 | 300 | 360 | 420 | 480 | 540 | 600 | 660 |
| 11 | 264 | 330 | 396 | 462 | 528 | 594 | 660 | 726 |
| 12 | 288 | 360 | 432 | 504 | 576 | 648 | 720 | 792 |
| 13 | 312 | 390 | 468 | 546 | 624 | 702 | 780 | 858 |
| 14 | 336 | 420 | 504 | 588 | 672 | 756 | 840 | 924 |
| 15 | 360 | 450 | 540 | 630 | 720 | 810 | 900 | 990 |
| 16 | 384 | 480 | 576 | 672 | 768 | 864 | 960 | 1056 |
| 17 | 408 | 510 | 612 | 714 | 816 | 918 | 1020 | 1122 |
| 18 | 432 | 540 | 648 | 756 | 864 | 972 | 1080 | 1188 |
| 19 | 456 | 570 | 684 | 798 | 912 | 1026 | 1140 | 1254 |
| 20 | 480 | 600 | 720 | 840 | 960 | 1080 | 1200 | 1320 |
| 21 | 504 | 630 | 756 | 882 | 1008 | 1134 | 1260 | 1386 |
| 22 | 528 | 660 | 792 | 924 | 1056 | 1188 | 1320 | 1452 |
| 23 | 552 | 690 | 828 | 966 | 1104 | 1242 | 1380 | 1518 |
| 24 | 576 | 720 | 864 | 1008 | 1152 | 1296 | 1440 | 1584 |
| 25 | 600 | 750 | 900 | 1050 | 1200 | 1350 | 1500 | 1650 |
| 26 | 624 | 780 | 936 | 1092 | 1248 | 1404 | 1560 | 1716 |
| 27 | 648 | 810 | 972 | 1134 | 1296 | 1458 | 1620 | 1782 |
| 28 | 672 | 840 | 1008 | 1176 | 1344 | 1512 | 1680 | 1848 |
| 29 | 696 | 870 | 1044 | 1218 | 1392 | 1566 | 1740 | 1914 |
| 30 | 720 | 900 | 1080 | 1260 | 1440 | 1620 | 1800 | 1980 |
| 31 | 744 | 930 | 1116 | 1302 | 1488 | 1674 | 1860 | 2046 |
| 32 | 768 | 960 | 1152 | 1344 | 1536 | 1728 | 1920 | 2112 |
| 33 | 792 | 990 | 1188 | 1386 | 1584 | 1782 | 1980 | 2178 |
| 34 | 816 | 1020 | 1224 | 1428 | 1632 | 1836 | 2040 | 2244 |
| 35 | 840 | 1050 | 1260 | 1470 | 1680 | 1890 | 2100 | 2310 |
| 36 | 864 | 1080 | 1296 | 1512 | 1728 | 1944 | 2160 | 2376 |
| 37 | 888 | 1110 | 1332 | 1554 | 1776 | 1998 | 2220 | 2442 |
| 38 | 912 | 1140 | 1268 | 1596 | 1824 | 2052 | 2280 | 2508 |
| 39 | 936 | 1170 | 1404 | 1638 | 1872 | 2106 | 2340 | 2574 |
| 40 | 960 | 1200 | 1440 | 1680 | 1920 | 2160 | 2400 | 2640 |
| 41 | 984 | 1230 | 1476 | 1722 | 1968 | 2214 | 2460 | 2706 |
| 42 | 1008 | 1260 | 1512 | 1764 | 2016 | 2268 | 2520 | 2772 |
| 43 | 1032 | 1290 | 1548 | 1806 | 2064 | 2322 | 2580 | 2838 |
| 44 | 1056 | 1320 | 1584 | 1848 | 2112 | 2376 | 2640 | 2904 |
| 45 | 1080 | 1350 | 1620 | 1890 | 2160 | 2430 | 2700 | 2970 |
| 46 | 1104 | 1380 | 1656 | 1932 | 2208 | 2484 | 2760 | 3036 |
| 47 | 1128 | 1410 | 1692 | 1974 | 2256 | 2538 | 2820 | 3102 |
| 48 | 1152 | 1440 | 1728 | 2016 | 2304 | 2592 | 2880 | 3168 |
| 49 | 1176 | 1470 | 1764 | 2058 | 2352 | 2646 | 2940 | 3234 |
| 50 | 1200 | 1500 | 1800 | 2100 | 2400 | 2700 | 3000 | 3300 |

6" x 6"

| Pcs. | 8 Ft. | 10 Ft. | 12 Ft. | 14 Ft. | 16 Ft. | 18 Ft. | 20 Ft. | 22 Ft. |
|---|---|---|---|---|---|---|---|---|
| 100 | 2400 | 3000 | 3600 | 4200 | 4800 | 5400 | 6000 | 6600 |
| 200 | 4800 | 6000 | 7200 | 8400 | 9600 | 10800 | 12000 | 13200 |
| 300 | 7200 | 9000 | 10800 | 12600 | 14400 | 16200 | 18000 | 19800 |
| 400 | 9600 | 12000 | 14400 | 16800 | 19200 | 21600 | 24000 | 26400 |
| 500 | 12000 | 15000 | 18000 | 21000 | 24000 | 27000 | 30000 | 33000 |
| 600 | 14400 | 18000 | 21600 | 25200 | 28800 | 32400 | 36000 | 39600 |
| 700 | 16800 | 21000 | 25200 | 29400 | 33600 | 37800 | 42000 | 46200 |
| 800 | 19200 | 24000 | 28800 | 33600 | 38400 | 43200 | 48000 | 52800 |
| 900 | 21600 | 27000 | 32400 | 37800 | 43200 | 48600 | 54000 | 59400 |
| 1000 | 24000 | 30000 | 36000 | 42000 | 48000 | 54000 | 60000 | 66000 |

## 6" x 8"

| Pcs. | 8 Ft. | 10 Ft. | 12 Ft. | 14 Ft. | 16 Ft. | 18 Ft. | 20 Ft. | 22 Ft. |
|---|---|---|---|---|---|---|---|---|
| 1 | 32 | 40 | 48 | 56 | 64 | 72 | 80 | 88 |
| 2 | 64 | 80 | 96 | 112 | 128 | 144 | 160 | 176 |
| 3 | 96 | 120 | 144 | 168 | 192 | 216 | 240 | 264 |
| 4 | 128 | 160 | 192 | 224 | 256 | 288 | 320 | 352 |
| 5 | 160 | 200 | 240 | 280 | 320 | 360 | 400 | 440 |
| 6 | 192 | 240 | 288 | 336 | 384 | 432 | 480 | 528 |
| 7 | 224 | 280 | 336 | 392 | 448 | 504 | 560 | 616 |
| 8 | 256 | 320 | 384 | 448 | 512 | 576 | 640 | 704 |
| 9 | 288 | 360 | 432 | 504 | 576 | 648 | 720 | 792 |
| 10 | 320 | 400 | 480 | 560 | 640 | 720 | 800 | 880 |
| 11 | 352 | 440 | 528 | 616 | 704 | 792 | 880 | 968 |
| 12 | 384 | 480 | 576 | 672 | 768 | 864 | 960 | 1056 |
| 13 | 416 | 520 | 624 | 728 | 832 | 936 | 1040 | 1144 |
| 14 | 448 | 560 | 672 | 784 | 896 | 1008 | 1120 | 1232 |
| 15 | 480 | 600 | 720 | 840 | 960 | 1080 | 1200 | 1320 |
| 16 | 512 | 640 | 768 | 896 | 1024 | 1152 | 1280 | 1408 |
| 17 | 544 | 680 | 816 | 952 | 1088 | 1224 | 1360 | 1496 |
| 18 | 576 | 720 | 864 | 1008 | 1152 | 1296 | 1440 | 1584 |
| 19 | 608 | 760 | 912 | 1064 | 1216 | 1368 | 1520 | 1672 |
| 20 | 640 | 800 | 960 | 1120 | 1280 | 1440 | 1600 | 1760 |
| 21 | 672 | 840 | 1008 | 1176 | 1344 | 1512 | 1680 | 1848 |
| 22 | 704 | 880 | 1056 | 1232 | 1408 | 1584 | 1760 | 1936 |
| 23 | 736 | 920 | 1104 | 1288 | 1472 | 1656 | 1840 | 2024 |
| 24 | 768 | 960 | 1152 | 1344 | 1536 | 1728 | 1920 | 2112 |
| 25 | 800 | 1000 | 1200 | 1400 | 1600 | 1800 | 2000 | 2200 |
| 26 | 832 | 1040 | 1248 | 1456 | 1664 | 1872 | 2080 | 2288 |
| 27 | 864 | 1080 | 1296 | 1512 | 1728 | 1944 | 2160 | 2376 |
| 28 | 896 | 1120 | 1344 | 1568 | 1792 | 2016 | 2240 | 2464 |
| 29 | 928 | 1160 | 1392 | 1624 | 1856 | 2088 | 2320 | 2552 |
| 30 | 960 | 1200 | 1440 | 1680 | 1920 | 2160 | 2400 | 2640 |
| 31 | 992 | 1240 | 1488 | 1736 | 1984 | 2232 | 2480 | 2728 |
| 32 | 1024 | 1280 | 1536 | 1792 | 2048 | 2304 | 2560 | 2816 |
| 33 | 1056 | 1320 | 1584 | 1848 | 2112 | 2376 | 2640 | 2904 |
| 34 | 1088 | 1360 | 1632 | 1904 | 2176 | 2448 | 2720 | 2992 |
| 35 | 1120 | 1400 | 1680 | 1960 | 2240 | 2520 | 2800 | 3080 |
| 36 | 1152 | 1440 | 1728 | 2016 | 2304 | 2592 | 2880 | 3168 |
| 37 | 1184 | 1480 | 1776 | 2072 | 2368 | 2664 | 2960 | 3256 |
| 38 | 1216 | 1520 | 1824 | 2128 | 2432 | 2736 | 3040 | 3344 |
| 39 | 1248 | 1560 | 1872 | 2184 | 2496 | 2808 | 3120 | 3432 |
| 40 | 1280 | 1600 | 1920 | 2240 | 2560 | 2880 | 3200 | 3520 |
| 41 | 1312 | 1640 | 1968 | 2296 | 2624 | 2952 | 3280 | 3608 |
| 42 | 1344 | 1680 | 2016 | 2352 | 2688 | 3024 | 3360 | 3696 |
| 43 | 1376 | 1720 | 2064 | 2408 | 2752 | 3096 | 3440 | 3784 |
| 44 | 1408 | 1760 | 2112 | 2464 | 2816 | 3168 | 3520 | 3872 |
| 45 | 1440 | 1800 | 2160 | 2520 | 2880 | 3240 | 3600 | 3960 |
| 46 | 1472 | 1840 | 2208 | 2576 | 2944 | 3312 | 3680 | 4048 |
| 47 | 1504 | 1880 | 2256 | 2632 | 3008 | 3384 | 3760 | 4136 |
| 48 | 1536 | 1920 | 2304 | 2688 | 3072 | 3456 | 3840 | 4224 |
| 49 | 1568 | 1960 | 2352 | 2744 | 3136 | 3528 | 3920 | 4312 |
| 50 | 1600 | 2000 | 2400 | 2800 | 3200 | 3600 | 4000 | 4400 |

6" x 8"

| Pcs. | 8 Ft. | 10 Ft. | 12 Ft. | 14 Ft. | 16 Ft. | 18 Ft. | 20 Ft. | 22 Ft. |
|---|---|---|---|---|---|---|---|---|
| 100 | 3200 | 4000 | 4800 | 5600 | 6400 | 7200 | 8000 | 8800 |
| 200 | 6400 | 8000 | 9600 | 11200 | 12800 | 14400 | 16000 | 17600 |
| 300 | 9600 | 12000 | 14400 | 16800 | 19200 | 21600 | 24000 | 26400 |
| 400 | 12800 | 16000 | 19200 | 22400 | 25600 | 28800 | 32000 | 35200 |
| 500 | 16000 | 20000 | 24000 | 28000 | 32000 | 36000 | 40000 | 44000 |
| 600 | 19200 | 24000 | 28800 | 33600 | 38400 | 43200 | 48000 | 52800 |
| 700 | 22400 | 28000 | 33600 | 39200 | 44800 | 50400 | 56000 | 61600 |
| 800 | 25600 | 32000 | 38400 | 44800 | 51200 | 57600 | 64000 | 70400 |
| 900 | 28800 | 36000 | 43200 | 50400 | 57600 | 64800 | 72000 | 79200 |
| 1000 | 32000 | 40000 | 48000 | 56000 | 64000 | 72000 | 80000 | 88000 |

## 8" x 8"

| Pcs. | 8 Ft. | 10 Ft. | 12 Ft. | 14 Ft. | 16 Ft. | 18 Ft. | 20 Ft. | 22 Ft. |
|---|---|---|---|---|---|---|---|---|
| 1 | 42.7 | 53.3 | 64. | 74.7 | 85.3 | 96. | 106.7 | 117.3 |
| 2 | 85.3 | 106.7 | 128. | 149.3 | 170.7 | 192. | 213.3 | 234.7 |
| 3 | 128. | 160. | 192. | 224. | 256. | 288. | 320. | 352. |
| 4 | 170.7 | 213.3 | 256. | 298.7 | 341.3 | 384. | 426.7 | 469.3 |
| 5 | 213.3 | 266.7 | 320. | 373.3 | 426.7 | 480. | 533.3 | 586.7 |
| 6 | 256. | 320. | 384. | 448. | 512. | 576. | 640. | 704. |
| 7 | 298.7 | 373.3 | 448. | 522.7 | 597.3 | 672. | 746.7 | 821.3 |
| 8 | 341.3 | 426.7 | 512. | 597.3 | 682.7 | 768. | 853.3 | 938.7 |
| 9 | 384. | 480. | 576. | 672. | 768. | 864. | 960. | 1056. |
| 10 | 426.7 | 533.3 | 640. | 746.7 | 853.3 | 960. | 1066.7 | 1173.3 |
| 11 | 469.3 | 586.7 | 704. | 821.3 | 938.7 | 1056. | 1173.3 | 1290.7 |
| 12 | 512. | 640. | 768. | 896. | 1024. | 1152. | 1280. | 1408. |
| 13 | 554.7 | 693.3 | 832. | 970.7 | 1109.3 | 1248. | 1386.7 | 1525.3 |
| 14 | 597.3 | 746.7 | 896. | 1045.3 | 1194.7 | 1344. | 1493.3 | 1642.7 |
| 15 | 640. | 800. | 960. | 1120. | 1280. | 1440. | 1600. | 1760. |
| 16 | 682.7 | 853.3 | 1024. | 1194.7 | 1365.3 | 1536. | 1706.7 | 1877.3 |
| 17 | 725.3 | 906.7 | 1088. | 1269.3 | 1450.7 | 1632. | 1813.3 | 1994.7 |
| 18 | 768. | 960. | 1152. | 1344. | 1536. | 1728. | 1920. | 2112. |
| 19 | 810.7 | 1013.3 | 1216. | 1418.7 | 1621.3 | 1824. | 2026.7 | 2229.3 |
| 20 | 853.3 | 1066.7 | 1280. | 1493.3 | 1706.7 | 1920. | 2133.3 | 2346.7 |
| 21 | 896. | 1120. | 1344. | 1568. | 1792. | 2016. | 2240. | 2464. |
| 22 | 938.7 | 1173.3 | 1408. | 1642.7 | 1877.3 | 2112. | 2346.7 | 2581.3 |
| 23 | 981.3 | 1226.7 | 1472. | 1717.3 | 1962.7 | 2208. | 2453.3 | 2698.7 |
| 24 | 1024. | 1280. | 1536. | 1792. | 2048. | 2304. | 2560. | 2816. |
| 25 | 1066.7 | 1333.3 | 1600. | 1866.7 | 2133.3 | 2400. | 2666.7 | 2933.3 |
| 26 | 1109.3 | 1386.7 | 1664. | 1941.3 | 2218.7 | 2496. | 2773.3 | 3050.7 |
| 27 | 1152. | 1440. | 1728. | 2016. | 2304. | 2592. | 2880. | 3168. |
| 28 | 1194.7 | 1493.3 | 1792. | 2090.7 | 2389.3 | 2688. | 2986.7 | 3285.3 |
| 29 | 1237.3 | 1546.7 | 1856. | 2165.3 | 2474.7 | 2784. | 3093.3 | 3402.7 |
| 30 | 1280. | 1600. | 1920. | 2240. | 2560. | 2880. | 3200. | 3520. |
| 31 | 1322.7 | 1653.3 | 1984. | 2314.7 | 2645.3 | 2976. | 3306.7 | 3637.3 |
| 32 | 1365.3 | 1706.7 | 2048. | 2389.3 | 2730.7 | 3072. | 3413.3 | 3754.7 |
| 33 | 1408. | 1760. | 2112. | 2464. | 2816. | 3168. | 3520. | 3872. |
| 34 | 1450.7 | 1813.3 | 2176. | 2538.7 | 2901.3 | 3264. | 3626.7 | 3989.3 |
| 35 | 1493.3 | 1866.7 | 2240. | 2613.3 | 2986.7 | 3360. | 3733.3 | 4106.7 |
| 36 | 1536. | 1920. | 2304. | 2688. | 3072. | 3456. | 3840. | 4224. |
| 37 | 1578.7 | 1973.3 | 2368. | 2762.7 | 3157.3 | 3552. | 3946.7 | 4241.3 |
| 38 | 1621.3 | 2026.7 | 2432. | 2837.3 | 3242.7 | 3648. | 4053.3 | 4458.7 |
| 39 | 1664. | 2080. | 2496. | 2912. | 3328. | 3744. | 4160. | 4576. |
| 40 | 1706.7 | 2133.3 | 2560. | 2986.7 | 3413.3 | 3840. | 4266.7 | 4693.3 |
| 41 | 1749.3 | 2186.7 | 2624. | 3061.3 | 3498.7 | 3936. | 4373.3 | 4810.7 |
| 42 | 1792. | 2240. | 2688. | 3136. | 3584. | 4032. | 4480. | 4928. |
| 43 | 1834.7 | 2293.3 | 2752. | 3210.7 | 3669.3 | 4128. | 4586.7 | 5045.3 |
| 44 | 1877.3 | 2346.7 | 2816. | 3285.3 | 3754.7 | 4224. | 4693.3 | 5162.7 |
| 45 | 1920. | 2400. | 2880. | 3360. | 3840. | 4320. | 4800. | 5280. |
| 46 | 1962.7 | 2453.3 | 2944. | 3434.7 | 3925.3 | 4416. | 4906.7 | 5397.3 |
| 47 | 2005.3 | 2506.7 | 3008. | 3509.3 | 4010.7 | 4512. | 5013.3 | 5514.7 |
| 48 | 2048. | 2560. | 3072. | 3584. | 4096. | 4608. | 5120. | 5632. |
| 49 | 2090.7 | 2613.3 | 3136. | 3658.7 | 4181.3 | 4704. | 5226.7 | 5749.3 |
| 50 | 2133.3 | 2666.7 | 3200. | 3733.3 | 4266.7 | 4800. | 5333.3 | 5866.7 |

8" x 8"

| Pcs. | 8 Ft. | 10 Ft. | 12 Ft. | 14 Ft. | 16 Ft. | 18 Ft. | 20 Ft. | 22 Ft. |
|---|---|---|---|---|---|---|---|---|
| 100 | 4266.7 | 5333.3 | 6400. | 7466.7 | 8533.3 | 9600. | 10666.7 | 11733.3 |
| 200 | 8533.3 | 10666.7 | 12800. | 14933.3 | 17066.7 | 19200. | 21333.3 | 23466.7 |
| 300 | 12800 | 16000. | 19200. | 22400. | 25600. | 28800. | 32000. | 35200. |
| 400 | 17066.7 | 21333.3 | 25600. | 29866.7 | 34133.3 | 38400. | 42666.7 | 46933.3 |
| 500 | 21333.3 | 26666.7 | 32000. | 37333.3 | 42666.7 | 48000. | 53333.3 | 58666.7 |
| 600 | 25600. | 32000. | 38400. | 44800. | 51200. | 57600. | 64000. | 70400. |
| 700 | 29866.7 | 37333.3 | 44800. | 52266.7 | 59733.3 | 67200. | 74666.7 | 82133.3 |
| 800 | 34133.3 | 42666.7 | 51200. | 59733.3 | 68266.7 | 76800. | 85333.3 | 93866.7 |
| 900 | 38400. | 48000. | 57600. | 67200. | 76800. | 86400. | 96000. | 105600. |
| 1000 | 42666.7 | 53333.3 | 64000. | 74666.7 | 85333.3 | 96000. | 106666.7 | 117333.4 |

## WOOD-FRAME HOUSE CONSTRUCTION

The basic source book and guide to sound wood-frame house constr tion. Builders will appreciate the modern, practical information materials and building practice. A useful training aid for apprenti and a standard by which the quality of all housing can be judged.

Everything you need to know about framing, exterior trim, roofi windows and doors, siding, plumbing and heating, insulation and va barrier, finishes, floor covering, millwork, cabinets, chimneys and f places, driveways and walks . . . complete step by step "how to" infor tion. Carefully written, well illustrated, full of practical information worth several times the price.

223 pages 8 x 10 $

## NATIONAL CONSTRUCTION ESTIMATOR

Accurate building costs in dollars and cents for both light and heavy struction. Material prices for every commonly used building mate the proper labor cost associated with installation of the material. Ev thing figured out to give you the "in place" cost in seconds. Many saving rules of thumb, waste and coverage factors and estimating ta are included.

Thousands of copies are in daily use by estimators, tradesmen, buil appraisers, adjusters, architects, engineers, lenders, and student building.

You will be surprised how fast, easy and accurate it is. Revised annu

208 pages 8½ x 11 $

---

# ORDER FORM

**PLEASE RUSH ME:**

**WOOD-FRAME HOUSE CONSTRUCTION .... $2.25** ________

**NATIONAL CONSTRUCTION ESTIMATOR ... $4.75** ________

In California add 5% tax ________

Total amount enclosed ________

☐ CHECK HERE FOR C.O.D. SHIPMENT

**Firm Name:** ____________________

**My Name:** ____________________

**Street:** ____________________

**City:** __________ **State:** __________ **Zip:** __________

**10 DAY FULL MONEY BACK GUARANTEE!**

**CRAFTSMAN BOOK COMPA OF AMERICA**

**124 S. La Brea Avenue, Los Angeles, California 9003 (213) 935-4025**

## ·RACTICAL LUMBER COMPUTER

'his handy book quickly and easily gives the board footage for all standard izes and lengths of lumber from one to one thousand pieces.

ıll the work is done for you — no mathematics needed. You arrive at the ·recise answer in seconds. A table is also included which allows anyone to apidly determine the board feet per linear foot of lumber. This book pays or itself the first time you use it.

21 pages 5½ x 8½ $2.00

## . GUIDE TO PROFITABLE CONSTRUCTION ESTIMATING

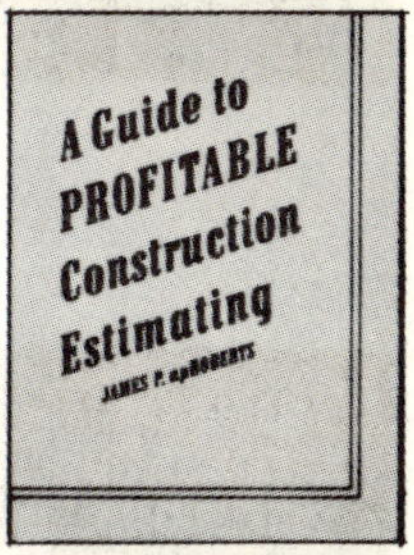


'his practical "job-oriented" volume will serve both as a good introduction to he science of general construction estimating and as a refresher to sharpen ne skills of seasoned estimators.

:very chapter is designed to reduce costs, eliminate mistakes, and create rofits. First available November of 1971!

00 pages 8 x 10 $6.95

## ɪECHANICAL ESTIMATORS' HANDBOOK

:stimate your labor on every piping job to within 2%!

'he author has done this consistently for 30 years and in this book has col-:cted the figures he has used: Labor tables in man hours for every piping job ommonly performed. The most complete and accurate source of information n fabricating, handling and installing all types of piping systems. This eference belongs on the desk of everyone estimating piping systems.

50 pages 6 x 9 $8.95

---

# ORDER FORM

**PLEASE RUSH ME:**

PRACTICAL LUMBER COMPUTER .................... $2.00 ______
A GUIDE TO PROFITABLE CONSTRUCTION ESTIMATING . $6.95 ______
MECHANICAL ESTIMATORS' HANDBOOK .............. $8.95 ______

In California add 5% tax ______

☐ CHECK HERE FOR C.O.D. SHIPMENT    Total amount enclosed ______

Firm Name: ______

My Name: ______

Street: ______

City: ______ State: ______ Zip: ______

**10 DAY FULL MONEY BACK GUARANTEE!**

·FTSMAN BOOK COMPANY
OF AMERICA
124 S. La Brea Avenue,
›s Angeles, California 90036
(213) 935-4025

**CRAFTSMAN BOOK COMPANY**
**OF AMERICA**
124 SOUTH LA BREA AVENUE
LOS ANGELES, CALIFORNIA 90036